TEGAOYA BIANDIAN GONGCHENG
ZHIHUI GONGDI JISHU
YANJIU YU SHIJIAN

特高压变电工程
智慧工地技术
研究与实践

国家电网有限公司特高压建设分公司　组编

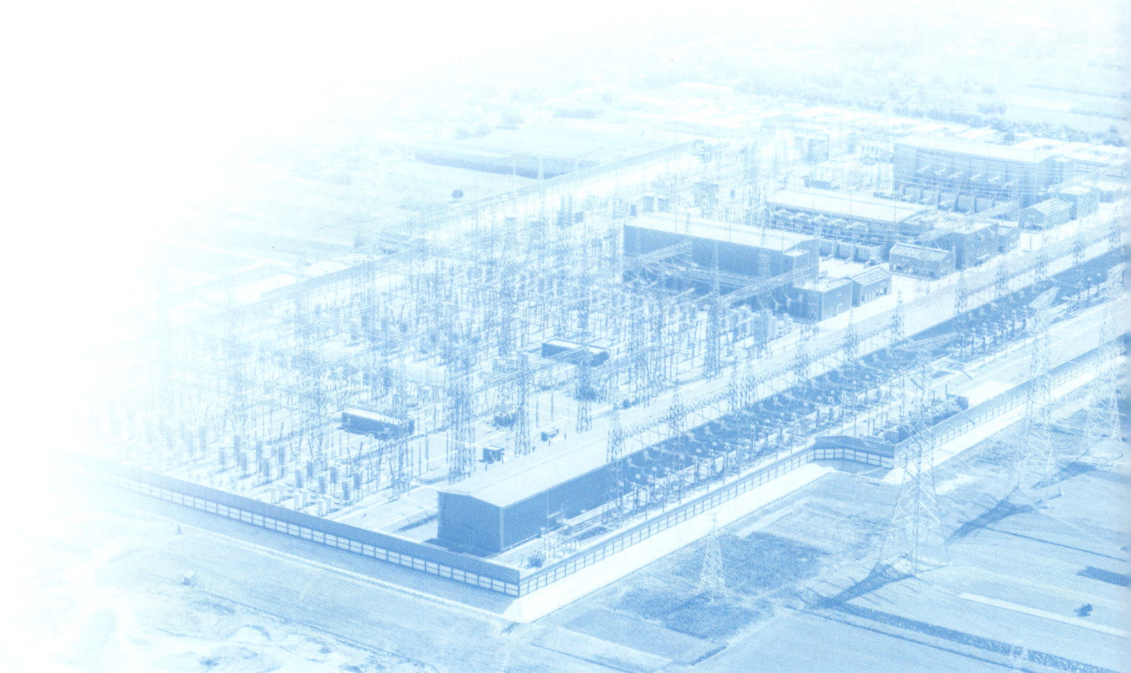

中国电力出版社
CHINA ELECTRIC POWER PRESS

内 容 提 要

为深入贯彻国家电网有限公司年中工作会议精神，聚焦电网基建"六精四化"，全力推动数智化在特高压工程走深走实，不断强化特高压参建队伍的数智化工作能力和智慧工地建设标准化水平，国家电网有限公司特高压建设分公司组织编制了《特高压变电工程智慧工地技术研究与实践》一书。

本书内容主要包括特高压工程建设概况，电网基建数字化概况，特高压智慧工地总体方案，现场组网，综合、土建类典型应用场景，电气类典型应用场景，创新与展望 7 章。

本书可供从事电网工程建设的专业人员、信息化管理人员等学习使用，也可供相关专业院校师生学习使用。

图书在版编目（CIP）数据

特高压变电工程智慧工地技术研究与实践 / 国家电

网有限公司特高压建设分公司组编 . -- 北京：中国电力

出版社，2025.7. -- ISBN 978-7-5239-0022-2

Ⅰ. TM63

中国国家版本馆 CIP 数据核字第 20253K41A5 号

出版发行：中国电力出版社

地　　址：北京市东城区北京站西街 19 号（邮政编码 100005）

网　　址：http://www.cepp.sgcc.com.cn

责任编辑：翟巧珍（806636769@qq.com）

责任校对：黄　蓓　郝军燕

装帧设计：郝晓燕

责任印制：石　雷

印　　刷：三河市万龙印装有限公司

版　　次：2025 年 7 月第一版

印　　次：2025 年 7 月北京第一次印刷

开　　本：787 毫米 ×1092 毫米　16 开本

印　　张：7.75

字　　数：137 千字

定　　价：49.00 元

编委会

主　任　蔡敬东　袁　骏
副主任　孙敬国　张永楠　毛继兵　刘　皓　程更生
　　　　张亚鹏　邹军峰　种芝艺　吴至复
委　员　谭启斌　徐志军　刘志明　白光亚　刘洪涛
　　　　张　昉　陈　鹏　肖　健　倪向萍　肖　峰
　　　　李　波　张　诚　张　智　徐国庆　张　宁
　　　　孙中明　姚　斌

编写工作组

主　编　毛继兵
副主编　吴至复　白光亚　倪向萍　李　波
成　员　宋　涛　刘　波　阎国增　周之皓　潘青松　杨怀伟
　　　　田文博　孟令健　张　鹏（变电）　侯纪勇　张　智（四部）
　　　　田燕山　董　然　张　宇　宋　明　徐剑峰　吴　畏
　　　　郎鹏越　王小松　曹加良　谢永涛　田　洁　宋洪磊
　　　　刘　振　刘　欣　焦德福　刘东宇　王　琦　陆忠强
　　　　吴　凯　王关翼　丁伟伟　郑树海　路　宁　魏青松
　　　　林　松　谢芳毅

前　言

特高压工程是构建新型电力系统的重要组成部分，与常规电压等级的输变电工程相比，具有大容量、远距离、低损耗、省占地的特点。同时，由于工程投资规模大、辐射范围广、输送能力强，特高压高质量建设紧密关系国家经济社会发展。

2006 ~ 2024 年，国家电网有限公司（简称国家电网公司）共建成特高压工程 38 项，建成线路 4.6 万 km、变电 / 换流容量 4.8 亿 kVA。预计 2024 ~ 2025 年，建设特高压工程 22 项，建设线路 3.9 万 km、变电 / 换流容量 4 亿 kVA。当前，特高压进入以大规模建设、高强度攻关、高质量发展为特征的新阶段，未来电源送出主要位于西南高海拔和西北沙戈荒地区，自然环境恶劣，人员机械降效明显，安全质量管控更难。

为提高特高压大规模集中建设形势下工程建设水平，国家电网有限公司特高压建设分公司（简称国网特高压公司）积极践行党的二十届三中全会精神，以新一代信息技术和智能化手段，针对特高压变电工程建设难点和痛点问题，利用物联网技术在现场建设了"智慧工地"，对土建关键作业与主设备安装全过程进行智能化监控，实现了工程现场施工作业与管控模式的变革，推动了整体特高压工程建设的数字化转型。为总结智慧工地建设经验，国网特高压公司组织编写了《特高压变电工程智慧工地技术研究与实践》一书，可为后续特高压工程和其他电压等级工程提供参考。

限于编写时间和作者水平，书中难免存有不妥之处，恳请各位专家和读者提出宝贵意见，使之不断完善。

编　者

2025 年 3 月

目　录

第 *1* 章
特高压工程建设概况

　　特高压技术通常被定义为电压等级在 1000kV 及以上的交流输电技术或 ±800kV 及以上的直流输电技术。这种技术能够实现电能的长距离、大容量、低损耗传输，对优化能源配置、提升电网运行效率、促进可再生能源利用具有重要意义。截至 2024 年，我国特高压电网实现了从无到有、从弱到强的飞跃，已成为全球最为庞大、运行最为稳定的特高压电网体系；在国外，凭借先进的技术标准、可靠的工程质量与完备的产业链配套，我国特高压电网成功走出国门，成为"中国名片"。在全球能源格局深度调整与我国"双碳"目标的战略引领下，特高压电网与新型电力系统建设已成为我国能源领域发展的关键支撑点，在能源转型进程中发挥着举足轻重的作用。

1.1　特高压工程建设历程

1.1.1　国内外特高压工程建设发展现状

　　美国、日本、苏联、意大利和巴西等国家于 20 世纪 60 年代末和 70 年代初相继开始了特高压交、直流输电技术的研究，并建设了相应的试验室及短距离试验线路。在特高压交流输电方面，苏联于 20 世纪 80 年代着手建设连接西伯利亚、哈萨克斯坦和乌拉尔联合电网的 1150kV 输电工程，成为世界上第一个具有成熟特高压输电运行经验的国家。进入 20 世纪 90 年代，受其国内经济形势及电力需求变化的影响，该工程降压至 500kV 运行。日本、意大利等国家也曾经开展过特高压交流输电工程计划，但由于世界经济发展速度减缓及国际大环境变化等因素影响，上述国家的电力需求停滞甚至衰退，特高压输电工程纷纷停滞，已经建成的高压输电线路也只能以低电压等级运行。

中国特高压在国际上"无标准、无经验、无设备"的情况下，成功实现从"白手起家"到"大国重器"，从"中国创造"到"中国引领"，从"装备中国"到"装备世界"。可以说，建设特高压电网，是中国电力发展史上最艰难、最具创新性、最具挑战性的重大成就，更是中国乃至世界电力行业发展的重要里程碑。我国特高压建设历经以下五个阶段。

试验阶段：早在1986年，特高压输电前期研究曾被列为国家攻关项目，直到2006年我国第一条特高压交流试验示范工程开工。

第一轮建设高峰（2011～2013年）：2011年以特高压电网为骨干网架、各级电网协调发展的坚强智能电网建设周期开启，2011～2013年为特高压第一轮建设高峰，此期间核准并开工建设"两交三直"。

第二轮建设高峰（2014～2017年）：2014年为缓解中部、东部电力供应紧张，以及减少东中部地区煤电装机以改善中、东部地区的大气环境，国家能源局围绕《大气污染防治行动计划》，集中批复一揽子输电通道项目，核准并开工建设"八交八直"。

第三轮建设高峰（2018～2022年）：2018年国家能源局印发《关于加快推进一批输变电重点工程规划建设工作的通知》，规划"七交五直"12条线路，目的核心在于消纳西部地区富余的可再生能源。

新一轮建设高峰（2023年开启）：2022年国家电网有限公司（简称国家电网公司）在重大项目建设推进会议上表示，将再开工建设"四交四直"特高压工程，加快推进"一交五直"等特高压工程前期工作；以及"十四五"期间特高压规划"24交14直"，但2021～2022年因疫情原因导致发展延迟，仅开工核准4条，特高压建设进度整体后移。2023年，开启特高压新一轮建设高峰，目的在于消纳西部地区富余的可再生能源。

目前，全国已形成以东北、华北、西北、华东、华中（东四省、川渝藏）、南方"六大区域电网为主体、区域间异步互联为主"的全国大电网格局。东北电网目前已发展成为北部与俄罗斯"直流背靠背"联网，南部和西部分别与华北电网联网，形成自北向南交直流环网运行的区域性电网，500kV主网架已经覆盖东北地区的绝大部分电源基地和负荷中心。华北地区已建成"两横三纵一环网"交流特高压主网架，区内以内蒙古西部电网、山西电网为送端，以京津冀鲁区域为受端负荷中心，形成西电东送、北电南送的送电格局。西北形成了以甘肃电网为中心的坚强750kV主网架，新疆、陕西、宁夏、青海电网分别通过 750kV 线路与甘肃电网相连。华东地区围绕长三角形成 1000kV 特高压环网，并向南延伸至福建，省间联络通道电压等级为 1000kV，上海、江苏、浙江、安徽、福建均已形成较强的 500kV 主网架。华中东四省（豫鄂湘赣）电网目前已建成以三峡外送通道为中心、覆盖豫鄂湘赣四省的 500kV 骨干网架。川渝藏电网目前已建成以川渝电网为中心、涵盖川渝藏三省（区、市）的 500kV 主干网架。华中东四省（豫鄂湘赣）与川渝藏电网实现异步互联，川渝电网实现了与藏中的 500kV 联网。南方电网以云南、贵州为主要送端，广东、广西为主要受端，形成了"八交十一直"的西电东送主网架。

　　2006 ~ 2024 年，国家电网公司共建成特高压工程 38 项，建成线路 4.9 万 km、变电/换流容量 5.2 亿 kVA，分别见表 1.1-1、表 1.1-2。2025 ~ 2026 年，计划建设特高压工程 22 项，建设线路 3.9 万 km，变电/换流容量 4 亿 kVA。

表 1.1-1　　　　　　　　　　　已投运特高压直流工程统计表

序号	工程名称	投运时间	直流输送容量（MW）	线路长度（km）
1	向家坝—上海 ±800kV 特高压直流输电示范工程	2010.07	6400	1891
2	锦屏—苏南 ±800kV 特高压直流输电工程	2012.12	7200	2059
3	哈密南—郑州 ±800kV 特高压直流输电工程	2014.01	8000	2192
4	溪洛渡左岸—浙江金华 ±800kV 特高压直流输电工程	2014.07	8000	1653
5	灵州—绍兴 ±800kV 特高压直流输电工程	2016.08	8000	1717
6	锡盟—泰州 ±800kV 特高压直流输电工程	2017.01	10000	1620
7	酒泉—湖南 ±800kV 特高压直流输电工程	2017.06	8000	2361
8	晋北—南京 ±800kV 特高压直流输电工程	2017.06	8000	1104
9	扎鲁特—青州 ±800kV 特高压直流输电工程	2017.12	10000	1228
10	上海庙—临沂 ±800kV 特高压直流输电工程	2019.01	10000	1216
11	昌吉—古泉 ±1100kV 特高压直流输电工程	2019.09	12000	3293
12	青海—河南 ±800kV 特高压直流输电工程	2020.12	8000	1587
13	雅中—江西 ±800kV 特高压直流输电工程	2021.06	8000	1704
14	陕北—湖北 ±800kV 特高压直流输电工程	2021.12	8000	1136

序号	工程名称	投运时间	直流输送容量（MW）	线路长度（km）
15	白鹤滩—江苏 ±800kV 特高压直流输电工程	2022.07	8000	2087
16	白鹤滩—浙江 ±800kV 特高压直流输电工程	2022.12	8000	2140
合计			135600	28988

表 1.1-2   已投运特高压交流工程统计表

序号	工程名称	投运时间	交流变电容量（MVA）	线路长度（km）
1	1000kV 晋东南—南阳—荆门特高压交流试验示范工程及其扩建工程	2009.01 2011.01	18000	639.8
2	皖电东送淮南—上海特高压交流输电示范工程	2013.09	21000	1296.6
3	浙北—福州特高压交流输变电工程	2014.12	18000	1174.2
4	锡盟—山东 1000kV 特高压交流输变电工程	2016.07	15000	1438.6
5	淮南—南京—上海 1000kV 特高压交流输变电工程	2016.09	12000	1479.2
6	蒙西—天津南 1000kV 特高压交流输变电工程	2016.11	24000	1239.6
7	内蒙古锡盟—胜利 1000kV 交流输变电工程	2017.07	6000	468.2
8	榆横—潍坊 1000kV 特高压交流输变电工程	2018.06	15000	2094.4
9	北京西—石家庄 1000kV 交流特高压输变电工程	2019.06	6000	450
10	苏通 GIL 综合管廊工程	2019.09	—	5
11	潍坊—临沂—枣庄—菏泽—石家庄特高压交流工程	2020.01	15000	1632
12	驻马店—南阳 1000kV 交流特高压输变电工程	2020.12	6000	373.4
13	张北—雄安 1000kV 特高压交流输变电工程	2020.08	6000	629.5
14	蒙西—晋中特高压交流工程	2020.10	0	616.2
15	南昌—长沙特高压交流工程	2021.12	12000	690.4
16	南阳—荆门—长沙特高压交流工程	2022.10	0	1252
17	荆门—武汉 1000kV 特高压交流输变电工程	2022.12	6000	466

序号	工程名称	投运时间	交流变电容量（MVA）	线路长度（km）
18	驻马店—武汉特高压交流工程	2023.11	0	573
19	福州—厦门 1000kV 特高压交流工程	2023.12	6000	234
20	张北—胜利特高压交流工程	2024.10	9000	732
21	武汉黄石—南昌 1000kV 特高压交流工程	2024.11	6000	451.2
22	川渝 1000kV 特高压交流工程	2024.12	24000	1316
合计			245100	20037

1.1.2　特高压代表性工程

1.1.2.1　世界首条商业化运营的特高压交流输电工程

2009 年 1 月，世界首条商业化运营的特高压交流输电工程——1000kV 晋东南—南阳—荆门特高压交流试验示范工程在中国正式投产。该工程是我国第一个特高压输电工程，也是当时世界上运行电压最高、技术水平最为先进的交流输电工程。该线路全长约 639.8km，起于山西省长治变电站，经河南省南阳开关站，连接华北、华中电网，止于湖北省荆门变电站。

1.1.2.2　世界首个区域型交流特高压环网

华东特高压交流环网由南半环的皖电东送特高压交流工程和北半环的淮南—南京—上海特高压交流工程组成。其中皖电东送特高压交流工程，起于安徽淮南变电站，经安徽皖南变电站、浙江浙北变电站，止于上海沪西变电站，连接安徽"两淮"煤电基地和华东电网负荷中心，线路全长 2×648.3km。该工程是由我国自主设计、制造和建设的世界首个商业化运行的同塔双回路特高压交流输电工程。该工程于 2011 年 9 月 27 日获国家发展和改革委员会核准，2011 年 10 月开工建设，2013 年 9 月投入商业运行。

1000kV 淮南—南京—上海特高压交流工程是国务院大气污染防治行动计划中十二条重点输电通道之一，是华东特高压主网架的重要组成部分，与皖电东送工程一起，形成贯穿皖、苏、浙、沪的华东特高压交流环网。该工程起于安徽淮南变电站，经江苏南京、泰州、苏州变电站，止于上海沪西变电站，线路全长 2×739.6km。该工程除特高压综合 GIL 管廊部分外，其余架空线路和变电站均于 2016 年 11 月竣工投运。

1.1.2.3　世界首个特高压综合 GIL 管廊工程

2019 年 9 月，有着"万里长江第一廊"之称的苏通 GIL 综合管廊工程正式投运。该工程起于北岸（南通）引接站，止于南岸（苏州）引接站，隧道长 5468.5m，管廊内径 10.5m，外径 11.6m，是穿越长江的大直径、长距离过江隧道之一，同时也是 1000kV 淮南—南京—上海特高压交流工程的组成部分之一。苏通 GIL 综合管廊工程是世界上首次在重要输电通道中采用特高压 GIL 技术，两回 6 相 1000kV GIL 管线总长 34025.9m。

目前该工程已创下多个新纪录：国内埋深最大、水压最高的大型水下隧道；世界上电压等级最高、输送容量最大、技术水平最高、最长距离 GIL 创新工程。GIL 技术极大地压缩了输电线路空间尺寸，实现高度紧凑化、小型化设计，成为替代架空输电线路的紧凑型输电解决方案。这是我国在特高压交流输电领域取得的又一个重大技术成果。

1.1.2.4　世界首批 ±800kV 特高压直流输电示范工程

（1）云南—广东 ±800kV 特高压直流输电工程是国家"十一五"建设的重点工程和直流特高压输电自主化示范工程。工程由中国南方电网公司投资建设，于 2006 年 12 月开工，2009 年 12 月单极投运，2010 年 6 月 18 日双极投产。该工程额定输送功率为 500 万 kW。

（2）向家坝—上海 ±800kV 特高压直流输电工程于 2010 年 7 月 8 日投入运行。该工程是世界上首批电压等级最高、输电距离最远、输送容量最大、技术最先进的特高压直流输电工程。该工程由国家电网公司建设，起点为四川省宜宾县复龙换流站，落点为上海市奉贤换流站，途经 8 省（市），四次跨越长江，线路全长 1970km。该工程额定电压 ±800kV，输送能力 640 万 kW，在世界范围内率先实现了直流输电电压和电流的双提升，输电容量和送电距离的双突破。

（3）锦屏—苏南 ±800kV 特高压直流输电工程于 2012 年 11 月 29 日投入运行。该工程额定电压 ±800kV，额定输送功率 7200MW，线路途经四川、云南、重庆、湖南、湖北、浙江、安徽、江苏八省市，将特高压直流输送容量从 640 万 kW 提升到 720 万 kW，输电距离首次突破 2000km，创造了特高压直流输电的新纪录。该工程全面投运后，每年可向华东地区输送电量约 360 亿 kWh，可解决四川电力"丰余枯缺"的结构性矛盾，满足东部地区经济社会持续发展用电需求，缓解日益严峻的生态环境问题，具有重大的经济效益和环保效益。在特高压直流示范工程基础上，首次实现了由国内负责特高压直流工程的成套设计，推动了民族装备制造业创新发展。

（4）哈密南—郑州 ±800kV 特高压工程于 2014 年 1 月 27 日投入运行。该工程 2012 年 5 月获得国家发展和改革委员会核准并于同年开工建设，完全由我国自主设计、制造和建设，是 "±800kV/800 万 kW" 直流输电的标准化示范工程。起点在新疆哈密南部能源基地，落点郑州，途经新疆、甘肃、宁夏、陕西、山西、河南六省（区），线路全长 2210km，工程投资 233.9 亿元。工程投运后，每年可向华中地区输送电量 500 亿 kWh，相当于运输煤炭 2300 万 t，可减少排放二氧化碳 4000 万 t、二氧化硫 33 万 t，直接拉动新疆投资 1000 亿元，拉动河南 GDP 增长 2500 亿元，经济和社会效益十分显著，是连接西部边疆与中原地区的 "电力丝绸之路"。

（5）扎鲁特—青州 ±800kV 特高压直流工程于 2017 年 10 月 15 日投入运行，是我国首批电压等级 ±800kV、额定输送功率 1000 万 kW、受端分层接入 500kV 和 1000kV 交流电网的特高压直流工程。该工程起点位于内蒙古通辽市，终点位于山东潍坊市，途经内蒙古、河北、天津、山东四省（区、市），新建扎鲁特、青州两座换流站，换流容量 2000 万 kW，线路全长 1234km，投资 221 亿元。该工程是东北地区首条特高压电力外送大通道，是落实中央全面振兴东北老工业基地战略部署、推动东北电力协调发展的重大工程，对彻底解决东北 "窝电" 问题、实现风电等清洁能源更大范围消纳、保障山东电力安全可靠供应、有效促进大气污染防治具有重大意义。工程主设备和系统全面实现国产化，代表了国际特高压直流设计和制造的最高水平。

1.1.2.5　世界首回 ±1100kV 特高压直流输电工程

2019 年 9 月，准东—皖南 ±1100kV 特高压直流输电工程建成投运。该工程起点位于新疆昌吉自治州，终点位于安徽宣城市，途经新疆、甘肃、宁夏、陕西、河南、安徽六省（区），新建昌吉、古泉 2 座换流站，换流容量 2400 万 kW，线路全长 3324km。工程于 2015 年 12 月获得国家发展和改革委员会核准。该工程将直流电压等级从 ±800kV 提升至 ±1100kV，输送容量从 640 万 kW 提高至 1200 万 kW，经济输电距离提升至 3324km，每千米输电损耗降至约 1.5%，进一步提高输电效率，节约宝贵的土地和走廊资源。该工程是目前世界上电压等级最高、输送容量最大、输电距离最远、技术水平最先进的直流输电工程，刷新了世界电网技术的新高度。

1.1.2.6　我国特高压技术首次走出国门的重大实践

巴西美丽山特高压输电项目（±800kV）是中国国家电网公司在巴西投资建设的特高压直流输电项目，是我国特高压技术首次走出国门的重大实践，该项目将巴西北部的清洁水电输送到东南部的负荷中心，输电距离超2000km，有效缓解了巴西能源分布不均的问题，提升了当地的供电可靠性和能源利用效率，充分展现了我国特高压技术在解决跨国、跨区域能源输送难题上的强大实力，促进了当地能源结构的优化升级。

1.1.3　特高压技术的突破与困境

随着一大批特高压交直流工程的陆续建成及稳定运行，我国实现了特高压技术"从0到1"的突破，实现了输变电技术创新从"跟跑"到"领跑"的跨越。特高压电网工程建设，在里程碑工程、成套设计、科技创新、设备制造、试验能力、国际国内标准、全产业链专业队伍、海外工程及标准化工作等方面均取得全面突破。

1.1.3.1　交流特高压

在全球能源格局深刻变革的当下，交流特高压技术作为电力输送领域的前沿阵地，承载着优化能源配置、推动可持续发展的重任。中国在这一领域的探索与实践，为世界能源事业贡献了独特样本，其间既有振奋人心的重大突破，也面临着诸多亟待攻克的困境。

（1）系统设计。系统设计是交流特高压工程的"大脑中枢"，决定着整个输电系统的科学性与可行性。中国科研团队打破传统输电思维局限，创新性地提出适应不同地理环境、负荷需求的总体设计方案。例如，在跨区域、长距离输电线路设计中，充分考量地形起伏、气候多变及用电峰谷差异等因素，优化变电站布局、输电线路走向，实现电力传输效能最大化。通过数字化建模与仿真技术，模拟各种工况下的电网运行状态，提前预判潜在风险，为工程的顺利实施提供精准指导。突破在于：构建起一套具有自主知识产权、全球领先的交流特高压系统设计体系；困境则是：跨区域协调难题，各省能源政策和利益分配机制差异大，导致项目落地难。极端气候适应性不足，需加强多能源互补和应急调峰能力。

（2）科技创新。科技创新是交流特高压技术进阶的源动力。从基础理论研究到应用技术革新，中国成果斐然。在电磁环境控制技术领域，研发出新型屏蔽、降噪装置，有效降低特高压线路周边电磁干扰与噪声污染，化解"邻避效应"隐患；绝缘技术实现飞跃，特种绝缘材料及绝缘配合方案大幅提升输电设备在高电压、强电场下的稳定性，延长设备使用寿命。此外，智能电网技术与交流特高压深度融合，借助先进的传感器、通信网络与大数据分析，实现电网实时监测、故障自愈，让电力输送更加智能、可靠。然而，科技创新之路永无止境，当前在应对极端工况下的技术储备仍显不足，并且前沿技术向实用化转化还有欠缺。

（3）设备研制。设备研制是交流特高压技术落地的关键支撑。中国已成功攻克一系列核心设备制造难关，变压器、电抗器、开关等关键设备实现国产化替代。以特高压变压器为例，通过攻克超大容量、高电压等级绕组绕制、铁芯制造等工艺难题，制造出世界领先的单相自耦变压器，具备低损耗、高可靠性特点，可在复杂电网环境下稳定运行数十年。绝缘子方面，新型高强度、防污闪绝缘子的研发，保障了线路在恶劣气候与污染条件下的绝缘性能。但设备研制挑战犹存，高端制造工艺的精细化、稳定性仍需提升，部分关键零部件的加工精度与国外顶尖水平尚有差距。

（4）试验检测。试验检测为特高压交流工程筑牢安全防线。中国建立起世界一流的特高压试验检测体系，从元件到系统，全方位模拟运行工况开展各类试验。高压大厅内，可对设备进行百万伏级别的耐压试验，精准检测绝缘缺陷；户外试验场中，长距离试验线段用于验证输电线路的电磁环境、防雷性能等指标，确保工程投运前消除隐患。故障诊断技术不断精进，依托先进的检测设备与算法，能对运行中的特高压设备微小故障进行早期预警、精准定位。可困境在于：面对特高压设备全寿命周期监测需求，现有检测手段在长期稳定性、远程实时监测精度上有待优化；国际试验检测标准尚未统一，中国技术"走出去"时，需频繁应对标准差异带来的认证难题，增加了市场拓展成本与难度。

1.1.3.2　直流特高压

在全球能源加速转型、电力需求持续攀升的时代浪潮下，直流特高压技术宛如一座灯塔，为远距离、大规模清洁能源输送指引方向。中国作为该领域的先锋开拓者，一路摸爬滚打，积累了诸多宝贵经验，在各关键环节实现显著突破的同时，也面临着一系列复杂棘手的困境。

（1）成套设计。成套设计是直流特高压工程的"总策划师"，掌控着整个输电体系的布局与走向。中国凭借深厚的技术积累与海量工程实践，精心雕琢出一套适应多样化场景的成套设计方案。针对"西电东送"等跨区域输电需求，充分考量能源基地的电源特性、受电地区的负荷特性及沿途地理地貌差异，精准规划换流站选址、输电线路路由，巧妙平衡输电容量、电压等级与输电成本之间的关系，实现电力资源的优化配置。借助先进的计算机辅助设计与仿真软件，模拟不同工况下的电网动态响应，提前化解潜在的谐振、过电压等风险，确保系统运行平稳高效。

突破之处在于：中国已具备独立自主、涵盖全场景的直流特高压成套设计能力，能够根据各国独特的能源格局与发展诉求，量身定制个性化输电方案，推动全球能源互联互通。然而在迈向国际市场的征程中，困境也接踵而至：一方面，要满足不同国家繁杂且严苛的工程设计标准与环保法规，大幅增加了设计协调的工作量与难度；另一方面，随着新能源大规模接入，如何在成套设计阶段更精准地兼容新能源的间歇性、波动性特性，保障电网的柔性接纳能力，成为亟待攻克的全新课题。

（2）科技创新。在基础研究层面，中国科研团队深入探究直流输电的电磁暂态特性、多物理场耦合机理等前沿理论，为技术革新筑牢根基。例如，攻克了特高压直流输电系统的控制保护关键技术，研发出具备高可靠性、快速响应能力的数字化控制保护装置，实现对换流站及线路的精准操控与故障隔离，有效提升电网运行稳定性。在新型材料应用方面，高性能的碳化硅功率器件逐步取代传统硅基器件，显著降低了换流器的损耗，提高了设备的耐压能力与开关频率，为设备小型化、高效化发展开辟新径。

尽管科技创新成果丰硕，但前行之路依旧崎岖：一方面，部分前沿技术如柔性直流输电技术在高电压、大容量场景下的工程应用仍面临技术瓶颈，如何优化控制策略、降低成本，实现大规模推广是一大挑战；另一方面，科技创新需要持续投入巨额资金、汇聚高端人才，而当前行业内研发资源相对分散，产学研协同创新机制尚不完善，一定程度上阻碍了技术向纵深发展的速度。

（3）设备研制。设备研制是直流特高压技术落地的关键支撑。中国已成功突破众多核心设备制造难关，实现从"跟跑"到"领跑"的华丽转身。以特高压换流变压器为例，通过攻克绝缘设计、绕组制造、冷却系统优化等关键工艺，制造出世界领先的 $\pm 800kV$ 及以上大容量换流变压器，具备超强的过载能力与极低的运行损耗，满足了高强度、长时间电力传输需求。此外，特高压直流输电线路的关键设备——绝缘子、避雷器等，也在材料创新、结构优化的双重驱动下，实现性能的飞跃提升，有效抵御恶劣自然环境对输电线路的侵蚀。

但设备研制的征程并非坦途。高端装备制造对工艺精度、质量稳定性要求极高，现阶段我国部分关键零部件的加工工艺与国际顶尖水准仍有差距，如高精度的换流阀组件制造，影响了设备整体性能的极致发挥；再者，随着直流特高压设备朝着更大容量、更高电压方向升级，对研发制造设备、试验检测设施的要求近乎苛刻，企业面临高昂的设备更新改造资金压力与技术风险，制约了产业的快速升级步伐。

（4）试验检测。试验检测是直流特高压工程的"安全卫士"，为电力系统的可靠运行保驾护航。中国搭建起世界先进水平的试验检测平台，从元件的微观性能测试到系统的宏观运行验证，全方位保障工程质量。在实验室环境下，能够对特高压直流设备开展绝缘耐压、温升特性、电磁兼容等一系列严格测试，利用高灵敏度的检测仪器与智能化的数据分析算法，精准捕捉设备的潜在缺陷；在户外试验场，通过模拟真实输电环境，对输电线路的防雷性能、电磁环境影响等进行实地监测，确保工程投运后满足环保与安全标准。

然而，面对日益复杂的电力系统运行需求，试验检测领域也面临诸多困境：一方面，随着直流特高压设备服役年限增长，全寿命周期监测技术亟待升级，如何利用有限的检测手段实现对设备老化、性能衰退过程的精准跟踪与预警，是当前面临的紧迫任务；另一方面，在国际合作日益频繁的背景下，不同国家的试验检测标准存在差异，中国设备及技术出口时，往往需要耗费大量精力进行标准协调与认证对接，增加了市场拓展的时间成本与不确定性。

特高压技术不但实现了全国范围内的资源优化配置，更为电力保供、能源转型和经济社会发展作出了巨大贡献。但构建新型电力系统是一场"马拉松"，服务好沙戈荒大型风电光伏基地建设，支撑和促进大型电源基地集约化开发、远距离外送是特高压的重要使命，作为新能源供给消纳体系的重要载体，特高压在安全性、可靠性、柔性等方面也面临诸多挑战。特高压进入了大规模、高强度、高质量发展的新阶段，对特高压设备质量水平的保障与提升提出了更高的要求。然而，特高压设备生产、现场安装是典型的传统产业，大多数关键工序仍以人工操作为主，数字化、智能化、机械化程度不高，产业工人操作水平的差异导致质量控制存在分散性：个人技能的起伏，在设备内部清洁、密封面对接、精密机械装配、导线连接紧固等方面问题多发，导致主设备出现异常放电、发热等情况，设备制造和现场安装的智能化水平需进一步提升。

1.2　特高压工程建设特点

1.2.1　社会责任担当大

特高压工程具有大容量、远距离、低损耗的输电优势，在优化能源配置、确保电网稳定性、保障能源安全、引领技术创新、减少环境影响、促进经济发展等方面均能发挥重要的作用，能够很好地支撑清洁能源、新能源大规模开发和民族设备制造业发展，带动能源结构转型、产业链升级，服务经济社会发展。

1.2.2　工艺质量标准严

特高压工程建设质量涉及工程设计、建设管理、施工安装、试验调试等多个环节，各个环节之间相互关联、相互影响。由于工程的每个施工工艺质量均标准高、要求严，因此需要切实提高参建人员的质量意识，增强现场施工的质量控制能力。围绕争创"国家优质工程金奖"的质量目标，以创优策划为引领，建立健全管理体系，深化标准工艺应用和创新，开展强制性条文执行、质量通病防治，坚持全过程质量管控，实现工程"一次成优"和"零缺陷"移交。

1.2.3　安全管理风险高

特高压工程建设任务重、难度大、环境复杂，固有风险高，安全质量管控压力大。随着新技术、新工艺、新设施不断涌现，安全管理工作的复杂性、艰巨性不断增加，现场建设相关的人、机、料、法、环等各方面均面临更加复杂和严峻的形势，给现场安全管控带来很大难度。部分工程夏季雨量大，汛期暴雨、洪水、泥石流多发，架设索道较多，施工安全生产形势严峻。部分工程在已运变电站内建设，监控系统改造接口工作复杂、临近带电作业多，安全风险高、现场安全管理压力大。

1.2.4　有效建设工期短

按照里程碑计划的要求，特高压工程从开工建设至投产运行仅两年的时间，而工程建设涉及系统、设备、设计、施工安装、调试等诸多方面的关键技术。工程建设过程中，后期主设备集中到货，出现了多台次油浸设备、多组施工队伍同时安装调试作业抢工期的局面。另外，罕见的雨、雪、冰冻灾害等突发事件直接影响了有效施工工期。在诸多不确定因素影响下，现场有效施工时间非常有限。为了确保工程务期必成，建设过程中必须增强预见性，做好预安排，实行预案制，及时调配各种资源，优化施工方案，控制关键节点，以此来确保完成里程碑进度计划，实现工程建设的整体工期目标。

1.2.5　技术攻关难度大

特高压施工技术是在借鉴我国超高压工程建设经验和国内外技术研究成果的基础上进行的自主创新，没有任何成熟的经验可供借鉴，现场施工难度大。1000kV 变压器和高压电抗器等油浸主设备绝缘油标准有了较大提高；1000kV GIS/HGIS 单元质量重、安装精度要求严，并对环境要求非常高。线路铁塔承受的载荷加大，因此设计应用的铁塔具有高、大、重的特点，全线多处经过高山大岭、河网沼泽等复杂地形，进一步增加了铁塔运输和施工的难度。因此，必须大力推动特高压施工技术的标准化工作，进行系统地研究，反复地研讨与修订，形成特高压输变电工程施工课题研究成果，成果要求内容全面，可操作性强，为现场建设提供技术规范、工艺导则和验评标准。

1.2.6　现场管理协调难

（1）参建单位多。特高压工程通常涉及设计、施工、监理、设备供应、调试等多个参建单位，单位数量多且专业分工复杂。各单位之间的职责边界、工作流程和进度安排需要高度协调，但由于各自的目标和利益不同，容易出现沟通不畅、责任推诿或进度不匹配的情况。这种多单位协同的复杂性，增加了现场管理的难度。

（2）设备种类多。特高压工程使用的设备种类繁多，包括变压器、换流阀、GIS、电缆、绝缘子等，每种设备的技术要求、安装标准和调试流程各不相同。设备之间的接口和兼容性问题需要精细化管理，稍有不慎就可能导致安装错误或调试失败。此外，设备的运输、存储和安装也需要严格的时间安排和空间协调，进一步增加了现场管理的复杂性。

（3）投资、建设管理、属地主体分离。特高压工程通常由国家电网公司或相关央企投资，但建设管理和属地管理往往由不同的主体负责。投资方关注的是整体进度和成本控制，建设管理方负责具体实施，而属地单位则关注地方政策和环境影响。这种主体分离导致各方在决策和执行中存在分歧，往往需要反复沟通和妥协，影响工程的整体推进效率。

（4）现场管理的具体挑战。进度协调难，各单位的工作进度相互依赖，某一环节的延误可能引发连锁反应。技术接口复杂，设备种类多、技术标准高，接口管理和技术协调需要高度专业化。资源调配困难，人力、物资、设备等资源需要在各单位之间高效调配，但实际操作中容易出现资源冲突或浪费。沟通成本高，参建单位多、主体分离，导致沟通链条长、决策效率低。

1.3 特高压工程管控要点

1.3.1 基本建设流程

特高压工程建设全业务流程是特高压工程建设的总程序，依据基本建设程序和国家电网公司基建管理通用制度并结合特高压工程建设管理实际编制而成。特高压工程建设总体上分为项目前期、工程前期、工程建设与工程后期四个阶段。这四个

特高压工程建设全业务流程图

阶段相互衔接，必须在完成前一个阶段工作的基础上才能开展下一个阶段的工作，前一个阶段的工作成果是后一个阶段的工作基础和依据。

（1）项目前期阶段主要工作包括从可研到核准，含立项、可研编制、可研审批、规划意见书、土地预审、核准等内容。

（2）工程前期阶段主要工作包括项目管理策划、勘察设计招标、初步设计、初步设计审查、物资招标配合、施工图设计、施工及监理招标、施工许可相关手续办理、"四通一平"等内容。

（3）工程建设阶段主要工作包括落实标准化开工条件、变电站土建、变电站电气安装、变电站调试、线路基础、线路组塔、线路架线、排管、电缆、竣工预验收、启动验收、投运前质量监督、启动投运等内容。

（4）工程后期阶段主要工作包括档案移交、工程结算、工程决算和审计、达标投产创优、项目管理综合评价、后评价、工程转资、质保期等内容。

1.3.2　阶段管控要点

1.3.2.1　项目前期阶段

项目前期阶段从启动项目预可行性研究开始，到取得项目核准批复为止；主要任务是论证项目技术方案，确保项目建设的各项条件成立、技术经济上可行。特高压工程项目前期阶段主要包括项目预可行性研究、可行性研究、项目核准三个方面的工作内容。

项目预可行性研究是国家电网公司向国家提出申请建设某一建设项目建议而开展的研究，是对建设项目的必要性、可能性进行轮廓设想；主要解决特高压项目的建设必要性和可能性问题。由于特高压工程涉及面广、外部条件复杂、影响巨大，为了保证项目可行性研究能够顺利完成，一般会先行开展项目预可行性研究。特高压建设项目要符合国民经济长远规划，符合国家、行业和地区规划的要求。特高压项目预可行性研究上报国家发展和改革委员会批准或纳入电网发展规划后，方可进一步开展项目可行性研究工作。

项目可行性研究开始之前，首先应确定项目可行性研究设计单位。特高压项目实行可行性研究和初步设计一体化招标，确定可行性研究设计单位。可行性研究设计单位确定后，先论证系统方案、选定变电站站址和线路路径，再完成可行性研究报告。可行性研究必须贯彻国家的技术政策和产业政策，符合各专业国家现行的有关设计标准的规定。可行性研究报告应根据国家规定，视工程实际情况落实文物、矿业、军事、交通航运、水利、海事、林业（畜牧）、通信、电力、油气管道、旅游、地震等主管部门对工程建设的意见。可行性研究报告完成后，国家电网公司组织咨询评估单位开展可行性研究评审，印发可行性研究批复意见。

特高压项目核准前，还需开展相关专题评估。专题评估是对建设项目在某些专题方面的合理性进行全面分析论证和多种方案比较，明确专题评估意见。特高压项目核准前需要完成的专题评估主要包括项目用地预审、选址意见书、社会稳定风险评估，并取得特高压项目沿线各省级发展改革部门的同意意见。项目环境影响报告、水土保持方案依据特高压项目可行性研究方案编制，在工程正式开工前取得国家主管部门的批复意见，不再作为项目核准的前置条件。

按照《国务院关于发布政府核准的投资项目目录（2016 年本）的通知》（国发〔2016〕72 号）规定，特高压电网项目由国家发展和改革委员会核准，报国务院备案；纳入电网发展规划的省内特高压项目，由省发展改革委核准。国家电网公司将可研批复意见及相关专题评估批复意见汇总后，编制特高压项目核准申请报告，向国家或省级发展改革委申请项目核准。取得项目核准批复后，项目进入工程前期阶段。

1.3.2.2　工程前期阶段

工程前期阶段从项目核准开始，到工程"四通一平"（指水通、电通、路通、通信通及场地平整）完成为止；是工程建设阶段的准备阶段，主要为工程建设做好图纸准备、物资准备、队伍准备、资金准备、管理准备和施工场地准备，是工程大规模建设的前奏。

特高压项目工程前期阶段主要包括设计及招标、计划预算编制、开工前合规手续办理、项目管理策划、组织机构成立、"四通一平"六个方面的工作任务。

1.3.2.2.1　设计及招标

设计是工程建设的龙头，抓好设计工作对于实现工程安全、质量、投资控制目标意义重大。可行性研究完成并且项目核准之后，首先开展初步设计工作。初步设计以可行性研究批复和可行性研究报告为依据，确定特高压工程项目的建设标准、技术原则和概算，以便控制工程投资。初步设计完成之后，国家电网公司组织初步设计评审并批复初步设计。

初步设计批复后，设计单位根据初步设计批复意见、初步设计审查结论和主要设备落实情况，开展施工图设计。施工图设计必须以初步设计为基础，准确无误地表达初步设计意图，按期出版符合质量和深度要求的设计图纸和说明书，以保证现场施工的顺利进行。

按照工程建设管理"五制"（项目法人制、招标投标制、工程监理制、合同管理制、资本金制）和特高压工程项目核准批复要求，应当通过公开招投标确定特高压工程项目监理、施工单位和物资供应商。工程核准后，根据可行性研究批复意见开展监理招标。初步设计审定后，开展物资招标和施工招标；施工单位和物资供应商确定后，可以提前开展施工准备和物资设计制造工作。

1.3.2.2.2　计划预算编制

编制计划预算是为了明确工程建设进度安排，合理配置工程建设资源，包括人力、物资、图纸、资金等各类工程项目建设所需的资源。工程进度计划包括工程里程碑计划、一级网络计划、物资供应计划和图纸出版计划。

工程里程碑计划是工程概要性进度计划，指导其他进度计划的编制，以项目中某些重要事件开始和完成时间作为基准而编制形成，主要统筹物资招标、图纸出版、物资供应和工程现场土建、安装施工、竣工验收、带电调试、投运等时间安排，同时也要统筹换流站（变电站）工程和线路工程的进度安排，明确开工、投产等重大关键节点的进度安排。

一级网络计划、物资供应计划和图纸出版计划在工程里程碑计划的指导下，分别明确现场施工、物资生产供应、图纸出版进度安排；为了保证工程建设有序进行，各项进度计划之间要相互衔接。工程一级网络计划细化到分部工程，是业主项目部管控现场建设的主要依据。

为了既保证工程建设资金需要，又降低项目融资成本，有效控制工程总投资，需要以工程里程碑计划、一级网络计划等为依据，编制工程年度资金（投资）计划和工程项目年度投资预算。工程项目年度资金计划是项目年度建设资金筹措的重要依据。

1.3.2.2.3　开工前合规手续办理

办理工程建设各类手续是工程依法合规建设的必要要求，是工程开工建设的前提。按照城乡规划、国土等法律法规要求，需要根据初步设计审查意见等工程资料，办理建设用地批复、建设用地规划许可证、建设工程规划许可证等手续。按照国务院《建设工程质量管理条例》（中华人民共和国国务院令第 279 号）的要求，工程开工前需要办理工程质量监督注册申报手续。按照住房和城乡建设部《建设工程消防设计审查验收管理暂行规定》（中华人民共和国住房和城乡建设部令第 58 号），工程开工前需要办理消防设计报审手续。以上合规手续完成后，方可办理施工许可手续。施工许可手续办理完成后，施工单位方可进场开展"四通一平"施工。

1.3.2.2.4　项目管理策划

按照特高压工程项目建设管理要求，特高压工程项目管理制度文件包括工程建设管理纲要、专项管理大纲和专业策划文件三个层面，工程建设所有管理活动通过三个层面的项目管理文件来落实。

工程建设管理纲要明确工程建设管理目标、各参建单位的管理职责及管理要求等，是工程纲领性文件。依据工程建设管理纲要编制现场建设管理大纲、设计工作大纲、物资监造大纲等专业管理大纲。其中，现场建设管理大纲明确建设管理单位内部各部门的管理职责，细化现场建设管理要求，明确有关管理工作流程。依据现场建设管理大纲编制项目管理、安全、风险、创优、环水保、绿色施工、依法合规、新技术应用、数字化等策划文件，明确各专业建设管理要求，是业主项目部实施现场管理的主要依据和抓手。

1.3.2.2.5　组织机构成立

为了便于工程建设管理工作，国家电网公司成立工程建设协调领导小组，建设管理单位成立业主项目部、项目安委会、现场应急工作组、临时党支部和联合工会等。

1.3.2.2.6　四通一平

"四通一平"是项目开工的前提条件，指水通、电通、路通、通信通及场地平整。其中，水通指给水，施工现场用水符合国家相关标准；电通指施工用电，具备施工时需要的条件；路通则是施工现场外的道路与施工周围入口处相连接；通信通是现场电话、宽带满足施工需求。场地平整指施工场地已基本平整，可以进入施工状态。

"四通一平"完成后，经验收合格并完成交接手续，方可开始主体工程施工。

1.3.2.3　工程建设阶段

工程建设阶段从主体工程开工开始，到工程正式投运为止，是工程项目从设计图纸变成实体成品的过程，是工程项目能否实现建设目标的关键阶段，在工程建设全业务流程中处于十分重要的位置。项目建设管理就是要通过有效的计划、组织、协调、控制等活动，将工程前期所确定的工程设计、策划方案变为工程实体，通过启动验收、工程投运、移交生产运行，实现工程各项建设目标。

在工程建设阶段，一方面需要按照特高压变电站、换流站、线路工程实体工程的建设时序，针对不同的建设节点，加强关键环节的管控，以实现工程建设目标；另一方面，在整个工程建设阶段要按照基建管理的基本要素，加强项目管理、安全管理、质量管理、物资管理、技术及档案管理、造价及财务管理、环水保管理，以实现工程建设多目标的统一协调。

1.3.2.3.1　工程建设关键环节管理

"四通一平"主要工作完成后，方能开始主体工程施工。主体工程开工前，需要开展标准化开工检查，检查工程前期阶段的准备工作是否全部按照标准完成，检查合格并履行开工报审手续后，方可正式开工建设。

特高压工程分为线路、变电站和换流站工程。线路施工分为基础施工、杆塔组立、架线施工三个阶段；变电站施工包含土建施工、电气安装调试两个阶段；换流站施工分为交流、直流低端、直流高端三个区域，每个区域均分为土建施工、电气安装调试两个阶段。

按照国务院《建设工程质量管理条例》（中华人民共和国国务院令第 279 号）的要求，工程转序需要接受政府部门的质量监督检查。质量监督检查分为首次 / 地基、转序、带电调试前等阶段分别进行。质量监督检查前，施工单位应组织三级自检，监理组织初检，建设管理单位组织建设过程质量验收专项检查（中间验收）或竣工预验收。

变电站 / 换流站工程在电气安装调试完成后，均应通过地方住建部门的消防验收。消防验收合格后，方可启动调试。

工程项目启动验收委员会由国家电网公司组建，负责工程项目启动验收及调试工作。启动验收合格后，由启动验收委员会组织启动调试。通常先由单独一个变电（换流）站进行站系统调试，再对多个变电（换流）站、线路工程组成系统进行系统调试。

由于换流站直流部分启动调试需要交流系统进行支撑，一般先进行交流部分启动调试，再进行直流低端、直流高端部分启动调试。

系统调试完成后，开展达标投产自检，合格后工程方可投运，进行商业运行。

1.3.2.3.2　工程建设要素管理

按照项目管理的要素划分，结合特高压工程建设设定的分类目标和特高压工程业主项目部岗位设置，特高压工程建设一般按照项目管理、安全管理、质量管理、物资管理、技术及档案管理、造价及财务管理、环水保管理七个要素实行专业管理。每项要素管理在后续章节都有对应的二级流程图，通过二级流程图进一步明确各项工作内容的工作步骤、职责划分和工作要点。

1.3.2.4　工程后期阶段

工程后期阶段从工程投运开始，直至与工程建设有关的后续工作全部完成为止，主要包括工程结算决算、专项验收、总结评价、运行保障、工程创优等工作内容。

工程投运后，建设管理单位 组织对参建单位开展考核评价，完成竣工结算、竣工决算、决算转资等工作。同时，组织参建单位配合完成档案预验收、档案验收、环水保专项验收，以及建设项目安全设施竣工验收、职业卫生专项验收、达标投产复查等验收手续，并办理启动验收证书、编制工程总结。

根据工程项目运行情况，组织参建单位开展工程运行考核期的保障工作，负责根据需要组织工程消缺处理。

对于申报工程优质奖项的项目，建设管理单位需要组织参建单位开展国家电网公司输变电优质工程金银奖、中国电力优质工程奖、建设工程鲁班奖 / 国家优质工程奖的参评工作。

1.4　数字化赋智赋能

1.4.1　数字中国加速布局

党的二十大报告提出建设数字中国，并先后印发《数字中国建设整体布局规划》《关于加快推进能源数字化智能化的若干意见》等，推动数字中国建设。党的二十届三中全会明确提出支持企业用数智技术、绿色技术改造提升传统产业，以及促进各类先进要素向发展新质生产力集聚等工作要求。特高压电网作为骨干网架和枢纽，其建设质量是特高压电网能够在国家能源体系中发挥重要作用的基础前提。将数字技术、先进信息通信技术等融入特高压工程建设，推动基建专业管理和工程建造方式变革，是支撑新型电力系统构建、推动特高压电网高质量发展的必然要求。

1.4.2　产业链协同需要强化

特高压工程建设是一项系统工程，需要加强科研、设计、设备施工等多专业协同，涉及出资、属地、建设管理、项目等不同层级的横向互动和纵向互馈。需要发挥产业领军作用，提升智能安装数字建造和产业带动等核心能力，联合上下游企业共建数字化生态。

1.4.3　管控能力需要进一步提高

特高压工程已进入以大规模、高强度、高质量为特征的超常规发展阶段，在建规模创历史新高的同时，部分施工作业仍存在过度依赖人力及经验情况，总体上面临建设任务重、资源供给紧、安全风险大、质量管控难等压力和挑战。运用数字化手段可以进一步提高特高压工程现场安全质量管控能力，实现跨部门数据共享与协同，减少信息滞后与人为误差。

（1）安全管理层面，实时精准监测隐患。特高压工程现场环境复杂、作业风险高，可通过部署各类传感器与高清摄像头，实现对施工现场、设备运行状态的24h不间断实时监测。例如，利用智能图像识别技术，可瞬间捕捉到人员未佩戴安全帽、违规穿越警戒区等行为，以及设备的过热、冒烟等异常迹象，第一时间发出警报，将安全隐患扼杀在萌芽状态，大大降低事故发生概率。

（2）质量管理方面，实现全过程质量管控。特高压工程建设周期长、环节多，质量管理难度大。质量管理应涵盖设计、采购、施工、调试等全生命周期，各阶段数据实时上传共享。在设计阶段，通过系统内置标准规范校验，避免设计缺陷；采购阶段，依据系统对供应商资质、产品过往质量数据评估筛选优质货源；施工阶段，施工人员利用移动端实时记录质量验收情况，管理人员随时掌握工程质量全貌，对质量波动及时预警整改，确保每一个环节质量可控。

（3）专业数据共享，打破信息孤岛，协同作业高效化。特高压工程涉及设计、施工、运维、供应商等众多单位和部门，传统模式下各主体间信息流通不畅，形成信息孤岛。通过建立统一的数据标准与接口，实现各方数据实时汇聚与交互。整合多源数据，决策依据精准化。不同部门管理相关专业数据，如安全管理部门管理安全隐患数据、质量管理部门管理质量问题数据、工程部门管理施工进度数据等。通过数据共享，将这些多源数据整合，为管理层提供全方位视角。如在制订工程推进计划时，综合考虑安全、质量、进度现状，做出更科学合理的决策，避免片面决策带来的风险，确保工程顺利实施。

（4）挖掘数据价值，发现潜在关联，优化管理流程。特高压建设领域积累了海量数据，未经挖掘时只是原始信息堆积。运用数据挖掘技术，可发现隐藏在数据中的关联关系。比如，通过分析施工工艺、材料选用与设备最终运行质量数据，找到最佳工艺与材料组合，优化施工流程，提高设备质量；从安全事故数据与人员资质、培训情况关联分析中，识别出关键培训短板，针对性强化培训，提升安全管理效能。

第 2 章
电网基建数字化概况

党的二十大报告指出，要加快建设网络强国、数字中国。习近平总书记多次强调，"没有信息化就没有现代化"，"信息化"是"四化"同步发展的加速器、催化剂。国家电网公司自"十一五"启动大规模信息化建设，构建并逐步完善了企业级平台，形成了企业数字化架构（SG-EA）等系列标准规范。"十四五"期间，国家电网公司以"三融三化"（即融入电网业务、融入基层一线、融入产业生态，推进架构中台化、数据价值化、业务智能化）为主要思路推进数字化转型。电网基建数字化、智能化，是以"三融三化"思路为指引，建立在基建管理标准化、信息化基础上，进一步提升了数据贯通、价值挖掘和智能化工器具的应用。

特高压数字化工作遵循电网基建数字化顶层设计，根据特高压工程建设特点，在统一架构下构建了特高压数字化平台，为决策层、管理层和基层一线提供支撑服务。特高压智慧工地作为特高压数字化业务的核心应用，以为工程一线减负增效为目标，自2018年开始围绕主设备智能化安装进行探索，逐步形成以物联网、云计算为主要技术路线的统一系统，在特高压工程现场建设中发挥了重要作用。

2.1 国家电网公司数字化建设历程

2.1.1 "十一五"至"十三五"时期

2.1.1.1 SG186 建设

"十一五"期间，国家电网公司准确把握信息化发展现状与趋势，实施国家电网公司信息化 SG186（即一体化企业级信息集成平台、八大应用模块、六大保障体系）工程。通过 SG186 工程，国家电网公司建立了企业集团一体化的信息系统，彻底扭转了信息化滞后于电网发展和企业管理的局面，有效支撑了企业与电网发展方面的需求，为国家电网公司后续信息化的快速发展打下了坚实的基础。SG186 架构图见图 2.1-1。

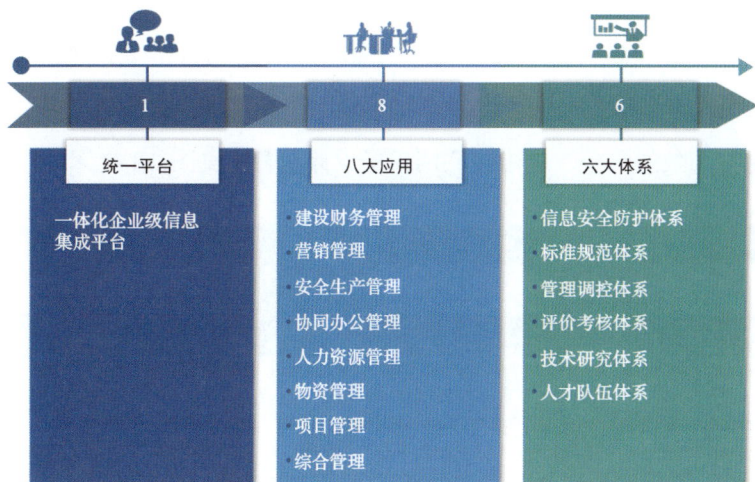

图 2.1-1　SG186 架构图

2.1.1.2　SG-ERP 建设

"十二五"期间，国家电网公司信息化建设的重点工作是开展 SG-ERP 建设，支撑"三集五大"（"三集"指人力资源、财务、物资集约化管理，"五大"指大规划、大建设、大运行、大检修、大营销体系）体系。其中，在"大建设"领域，通过建设统一的国家电网公司基建信息系统，融合不同建设管理单位开发的系统，实现了全网基建工程统一的信息化管理。同时，在电网基建管理各领域，包括资金、计划、项目、物资、设备等方面，通过信息系统实现了高效的线上协同管理，从而工程建设信息化应用进入新的阶段。"三集五大"体系见图 2.1-2。

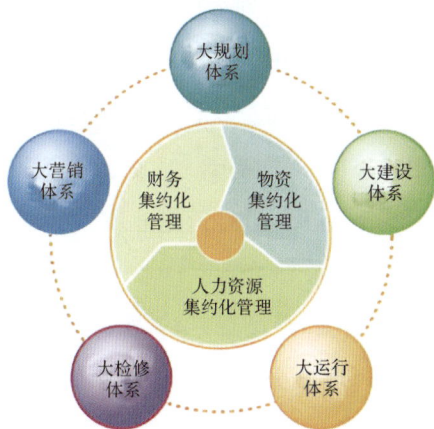

图 2.1-2　"三集五大"体系图

2.1.1.3 "大云物移"建设

"十三五"期间，国家电网公司启动了SG-ERP3.0建设，在"大、云、物、移"等技术方面开展进一步的创新，完成了电力物联网总体规划和应用系统、数据平台、网络安全等专项规划，在人工智能、"国网芯""国网云""企业中台"、北斗技术、5G技术等领域的研究和应用中取得了新的突破。这也为工程建设数字化、智能化提供了更加先进的技术和更加高效的平台。电力物联网顶层设计示意图见图2.1-3。

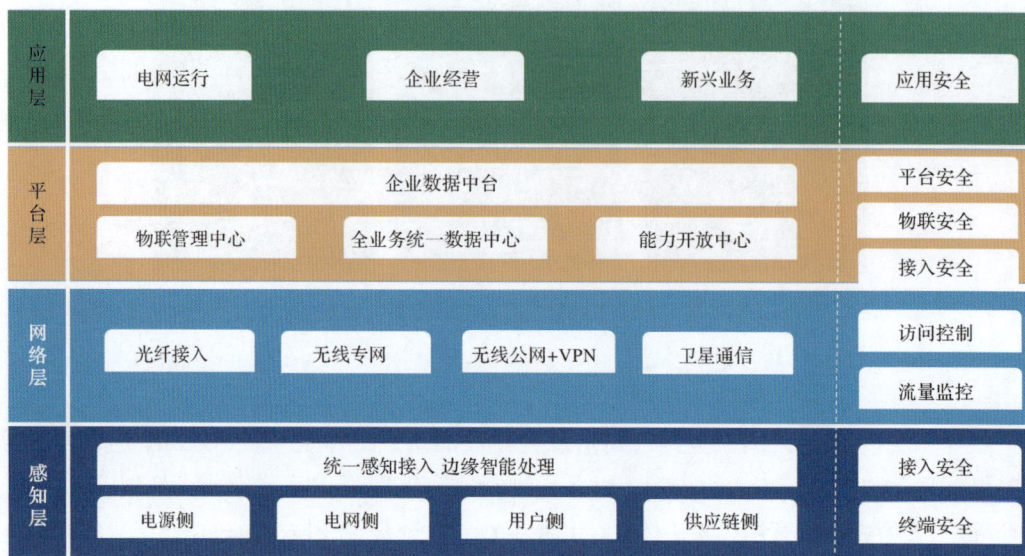

图2.1-3　电力物联网顶层设计示意图

2.1.2 "十四五"电网数字化——数字化转型

国家电网公司"十四五"数字化规划提出"三融三化"主要思路，以数字技术和数据要素创新应用为驱动，主动融入电网业务、融入基层一线、融入产业生态，推进架构中台化、数据价值化、业务智能化，支撑国家电网公司战略目标落地实施。全力实施"163"数字化赋能工程，即"一个基础、六大核心、三个保障"（"一个基础"指打造新型数字基础设施；"六大核心"指打造企业中台、释放数据价值、赋能电网生产、赋能企业经营、赋能客户服务、赋能新兴产业；"三个保障"指强化安全防护、强化技术引领、强化运营支撑）架构，见图2.1-4，着力推进国家电网公司业务、数据和技术中台化，实现全局共享和开放服务，支撑前端业务快速创新，逐步推动数字化业务架构中台化演进。

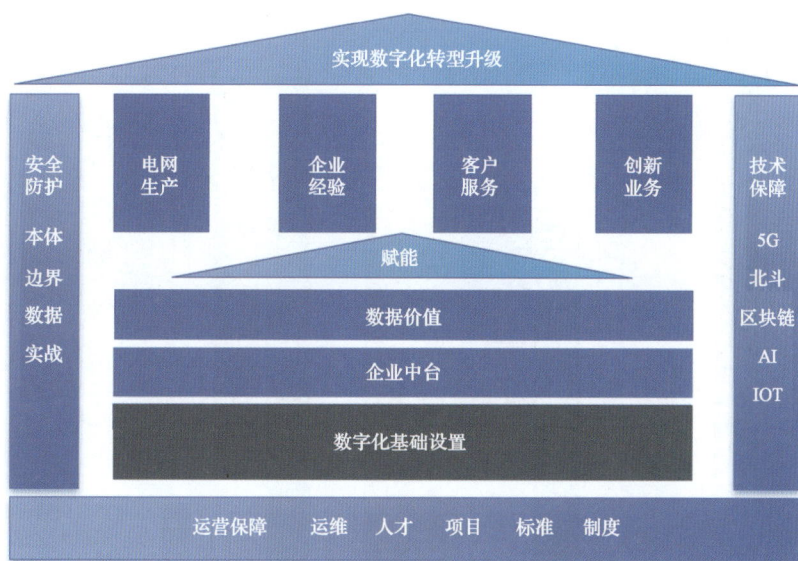

图 2.1-4　"163"数字化转型框架

2.2　电网基建数字化发展

2.2.1　基建信息系统建设

20 世纪 90 年代至 2009 年，电网基建信息系统建设处于萌芽期。办公计算机与办公自动化系统快速普及，得到规模化应用，电网基建管理侧的标准化、规范化、流程化的制度建设逐步完善，但在执行侧制度贯彻落实情况参差不齐，工作载体主要以纸质文件资料为主。

2009 ~ 2012 年，国网基建信息化建设工作正式启动。根据国家电网公司基建"三横五纵"业务管理体系和三个项目部标准化管理手册，完成基建管理系统的基础功能框架建设，基本建成横向衔接发展、物资、审计、运监、人资等部门，纵向贯穿总部、省公司、建设管理单位、现场项目部，涵盖项目、安全、质量、造价、技术、队伍等多专业管理系统，初步实现了对基建三级管理架构的信息化覆盖。"大建设"相关信息系统覆盖情况见图 2.2-1。

2013 ~ 2018 年，电网基建信息化建设快速发展。基建各专业管理细度逐步深化，各层级标准化管理水平逐步加强。国家电网公司在建设期阶段成果的基础上，对"大建设"业务体系进行顶层设计优化。基于国家电网公司统一 SG-UAP 平台，完成基建管理

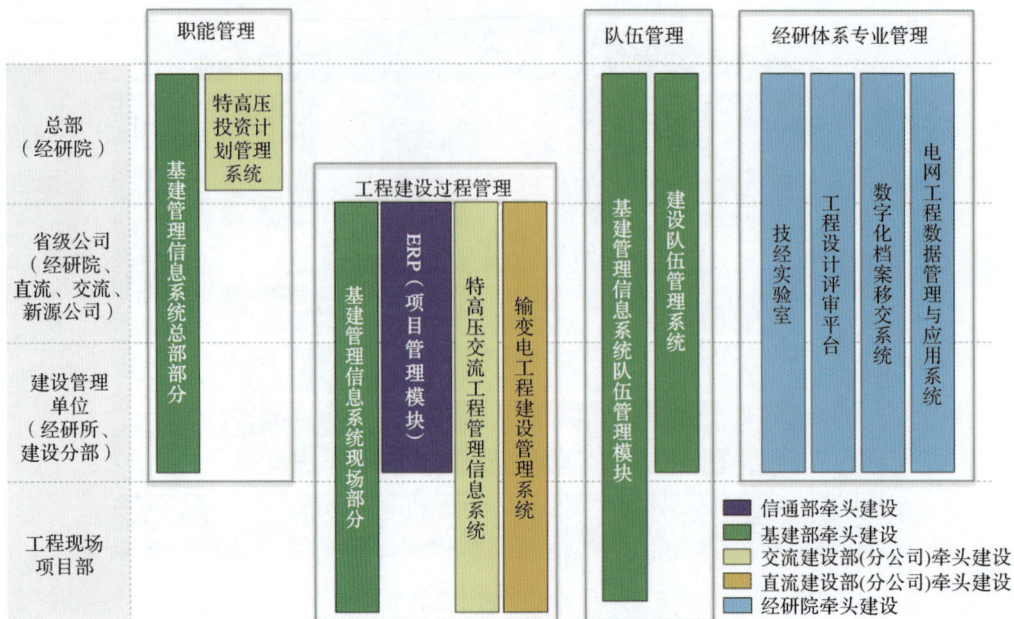

图 2.2-1 "大建设"相关信息系统覆盖情况

系统总部一级部署，完成对特高压交、直流工程的信息化融合支撑覆盖。根据国家电网公司"十三五"信息化规划，将"大、云、物、移"等先进信息技术与电网建设业务相融合，进一步发挥不同类型技术支撑手段在工程项目管理过程中的应用价值，提高系统的实用性，全面提升整体基建工程项目管理水平。特高压工程在电网 GIM 模型应用、工程现场信息化管理方面进行了探索。基建管理系统总部一级部署架构见图 2.2-2。

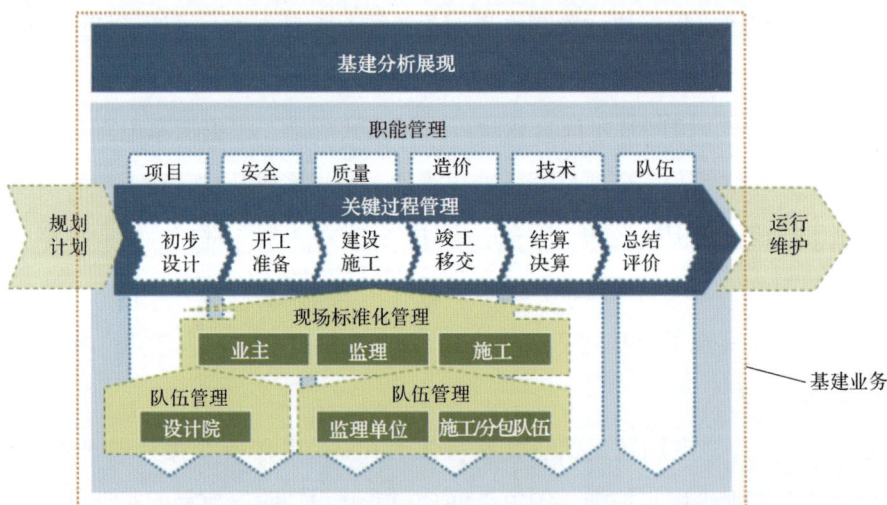

图 2.2-2 基建管理系统总部一级部署架构图

2.2.2　系统贯通与数据共享

基建专业作为电网承上启下的关键一环，跨专业协同部门多，涉及范围广。对上衔接项目前期信息，如储备库信息、初步设计、概要设计等，建设期间衔接物资招投标、设备制造供应、合同履约、财务付款信息等，对下游衔接生产运行、工程档案等信息。在电网基建全过程需要打通各类信息系统数据壁垒，实现"数据一个源、业务一条线、应用一平台"；充分利用国家电网公司架构中台化支撑能力，对各施工、监理等参建队伍企业级系统，电力工程建设施工平台等外部政企协同平台开放数据。

2019～2022年，国家电网公司提出建设能源互联网战略，基建专业响应号召，提出建设新一代基建全过程综合数字化管理平台（简称e基建1.0，见图2.2-3）。e基建1.0采用两级部署、开放式架构，探索将三维数字化应用、人工智能等技术与电网建设业务管理和现场管控应用相融合，探索电网基建业务数字化发展新模式。e基建1.0历经三期建设，形成了基建全过程、基建移动应用，通过纵向两级数据贯通，支撑各层级基建用户的业务应用。

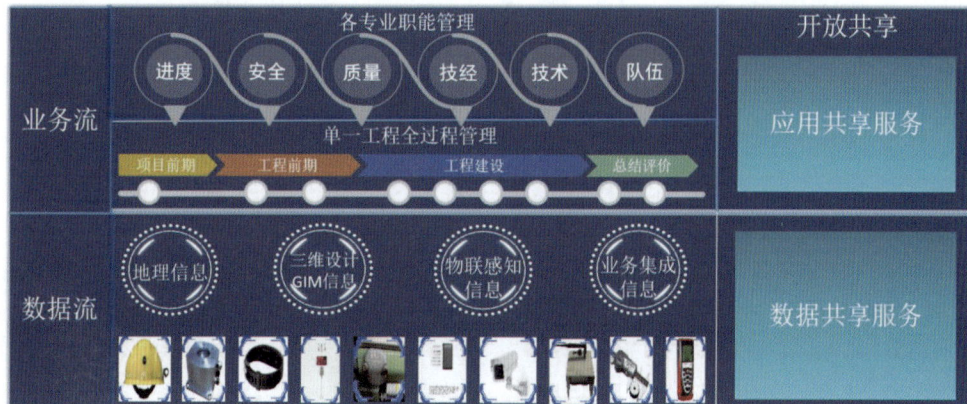

图 2.2-3　e基建 1.0 管理流程示意图

2022～2025年，围绕e基建2.0建设推动基建数字化转型，以"把握电网基建专业基础性、过程性、移动性、外部性特征，围绕实用、稳定、互动、安全总体要求，打造先进实用、高效便捷的企业级数字化工作平台"为工作目标，聚焦核心业务核心功能，支撑基建（含特高压）项目全过程管理、计划、技术、技经、安全、质量、队伍六大职能管理和环保专业管理（简称"1+6+1"）应用。e基建2.0数字化顶层设计目标愿景见图2.2-4。

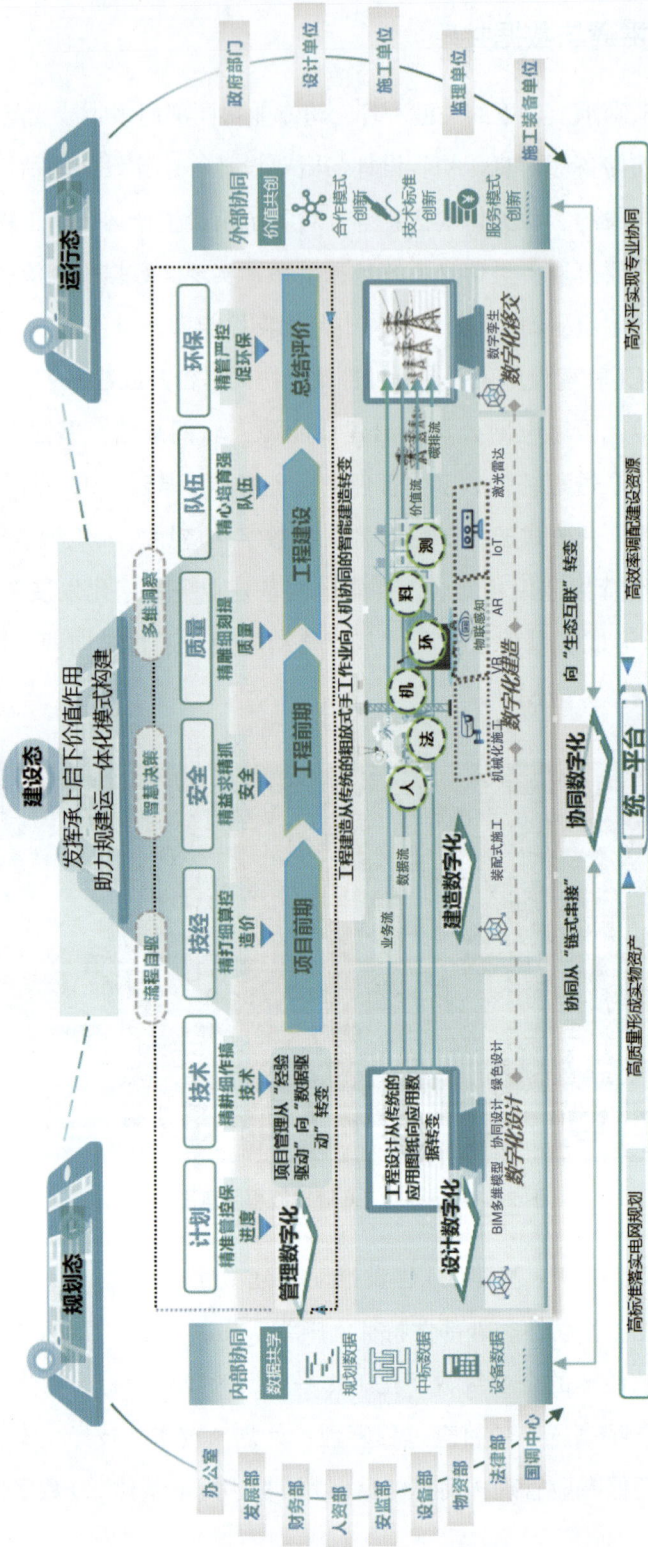

图 2.2-4　e 基建 2.0 数字化顶层设计目标愿景

　　2023 年国网特高压公司在 e 基建 2.0 特高压融合专项工作中，牵头组织开展特高压项目全过程建设。特高压项目全过程遵循与常规工程"应融尽融"的原则，从底层结构上与常规工程入口、架构、模型实现了"三个同一"。特高压项目全过程于 2022 年 9 月正式启动、2023 年 4 月完成功能设计，2024 年 3 月底正式在特高压工程中全面推广应用。

　　e 基建 2.0 特高压全过程模块以施工进度、合同履约为主线，以现场管控为重点，以作业计划为抓手，以标准化、流程化、智能化为方向，打造了业主、设计、监理、施工、物资五个项目部的协同工作平台。截至 2024 年 12 月，系统覆盖所有在建的 12 项特高压工程、16 家建设管理单位和 3 万余名参建人员。特高压融合示意图见图 2.2-5。

图 2.2-5　特高压融合示意图

2.2.3　智能化设备与现场应用

　　智能化设备最早应用于制造、建筑等行业，随着数字化、智能化技术的不断发展，现场各类智能采集终端开始广泛应用。

2.2.3.1　常规工程智能化工作

　　2016 ~ 2017 年，探索视频摄像头、现场人员系统在工程现场的应用模式，现场使用视频监控、人员闸机、车辆闸机、环境监测等设备进行数据采集。

　　2018 ~ 2022 年，针对现场"人机料法环测"等要素的数字化采集开展试点应用。2018 年，聚焦工程现场各类作业过程，开展现场视频监控、现场人员管理、基建移动应用的整合，打通各类技术支撑手段之间的信息共享渠道，打造智慧工地生态圈。2019年，依托基建"e 安全"建设和移动应用技术，以基建安全管控为突破，深化落实基建改革 12 项配套措施。通过基建现场人员实名制管理、关键环节在线管控、作业现场分级监控、违章行为智能预警等手段，实现基建安全精准管控，基建现场人员、施工计划、作业风险可控在控。

2022～2025年，深入探索智能化与现场业务深度融合。在e基建2.0设计和建设中，充分运用智能化设备相关技术，对施工现场人员、机械、材料、场地环境和施工过程等全生产要素进行一体化管控，全面提升建设施工的效率、质量和安全，助推工程建设管理的精细化、智慧化、高效化。

2.2.3.2　特高压工程智能化工作

从2018年开始，国网特高压公司分初步探索、深化研究、工程试点等5个阶段，持续开展智慧安装研究与实践。

（1）2018～2019年，初步探索。依托苏通GIL综合管廊工程，建设了主设备智慧管控平台。通过集成先进的感知技术，实现了对管廊内主设备的实时监控、智能诊断和远程控制，提高了设备的安装效率和质量。

（2）2019～2021年，深化研究。依托国家电网公司科技项目，开展了智慧安装管控技术的系统性研究。研发了全密封滤油自动监控系统和气务处理一体化智能机具。全封闭滤油自动监控系统有效解决了油浸主设备安装模式自动化、信息化、智能化水平较低、滤油效率低下、工艺指标控制手段匮乏、过程参数无法准确记录和追溯等系列问题；气务处理一体化智能机具通过对1000kV GIS气务处理的全流程（抽真空、充气、回收）功能梳理，对原有气务处理装备体系从"工装式、零散式"向"专用化、集成化、数字化"方向进行改造升级，从而提升特高压GIS气务处理质量、效率。油务气务监测装置见图2.2-6。

(a)　　　　　　　　　　　　　　(b)

图2.2-6　油务气务监测装置

（a）全密封自动滤油系统；（b）气务处理一体化智能机具

（3）2021 ～ 2022 年，工程试点。依托南昌变电站新建、荆门变电站扩建工程，在 GIS、HGIS 安装中试点应用智慧安装管控技术，进一步完善了全封闭滤油自动监控系统、气务处理一体化智能机具。南昌变电站单套机具实现特高压 GIS 大体积气室抽真空、充气、回收的全功能；创新研制气瓶翻转加热充气装置，充气效率提升一倍以上；具备自装卸、自行走功能，便于现场使用。南昌变电站共 269 个气室、80400kg SF_6 气体，用时约 2 个月高质量完成全部的抽真空、充气处理，一次试验通过、一次投运成功。

全封闭滤油自动监控系统在南昌变电站完成 150t 绝缘油过滤，不受夜间降效影响，且无须停机倒罐，共约 60h，较传统模式缩短滤油作业时间约 35%，节省人力投入约 60%。

（4）2022 ～ 2023 年，示范应用。依托长泰变电站新建工程开展 6 个成熟业务场景示范应用，并建立智慧安装管控平台，见图 2.2-8。以油浸设备为例，全封闭滤油自动监控系统较传统模式缩短滤油作业时间约 35%，节省人力投入约 80%；实现了关键工艺指标自动采集、远程监控和历史数据查询，管理人员可以减少现场旁站、巡视、工艺指标监测和记录时间，极大地提高了工作效率，减少了人力投入。同时该系统各项工序执行情况的自动判定机制能够进一步保障安装工艺要求的刚性执行，消除了数据记录不准确、工艺要求指标不到位、过程把关不严等问题，有效提升油浸主设备安装质量。

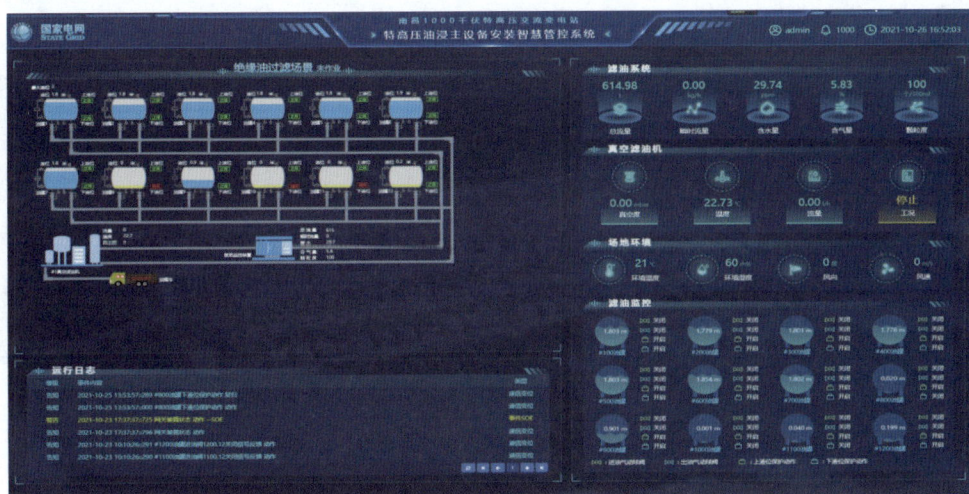

图 2.2-7　南昌变电站绝缘油过滤后台监控界面

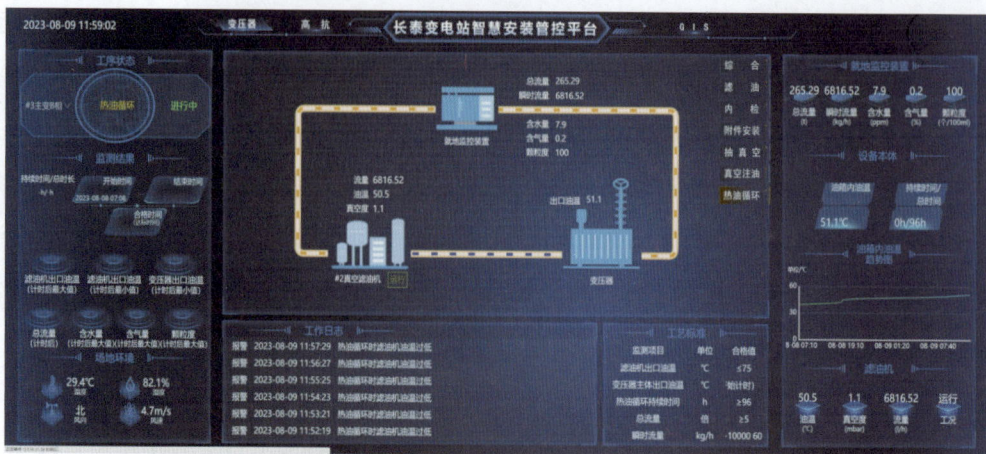

图 2.2-8   长泰变电站智慧安装管控平台

（5）2024 年至今，全面推广。依托物联管控平台、e 基建 2.0 平台在特高压变电站、换流站工程中全面推广应用。通过物联管控平台，实现了对设备安装全过程的实时监控、设备远动控制和智能分析，确保安装过程的精准化和高效化；e 基建 2.0 平台进一步整合了工程管理资源，实现了从设计、施工到运维的全生命周期数字化管理。智慧安装技术在特高压变电站和换流站中的应用，涵盖了设备吊装、滤油处理、气体管理、环境监测、质量检测和安全管理等多个关键环节，显著提升了工程效率和质量。庆阳换流站智慧工地看板见图 2.2-9。

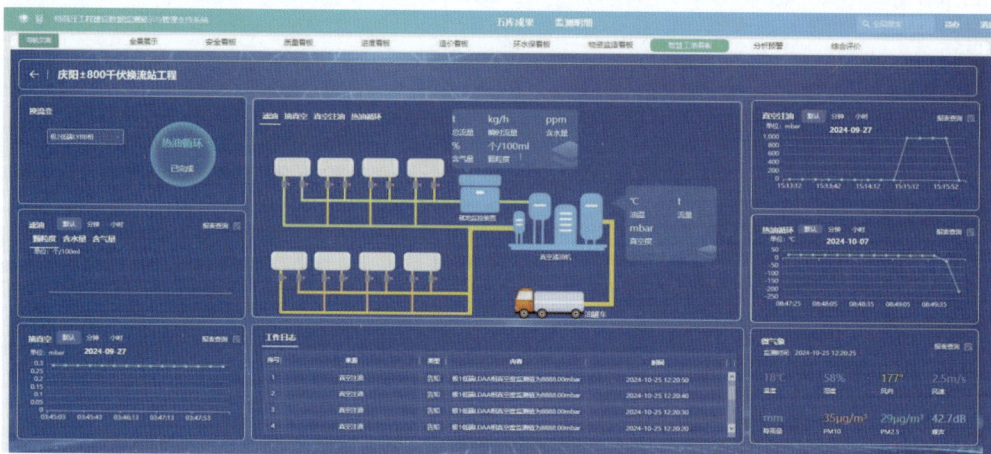

图 2.2-9   庆阳换流站智慧工地看板

通过全面推广智慧安装方案，提升工程建设效率、降低人工操作风险，大幅提高了工程的安全性和可靠性。智慧安装技术的广泛应用，以及标准化、智能化的工程管理模式的推广，支撑了电网建设数字化转型。

2.3　特高压工程数字化总体架构

2.3.1　业务与应用架构

特高压数字化平台基于国家电网公司 e 基建 2.0 数字底座，遵从国家电网公司 SG-EA 要求的五大架构（即业务、应用、技术、安全、数据）设计要求，以特高压工程现场建设业务需求为导向，充分复用常规工程各项功能，形成 4 大业务域，共 12 个业务板块，见图 2.3-1。

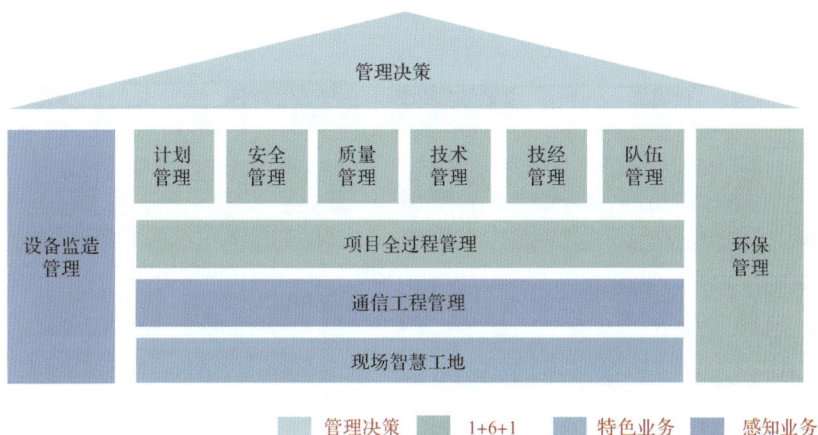

图 2.3-1　业务架构示意图

（1）管理决策域。支撑关键业务管控与统筹管理，从安全、质量、进度、造价、环水保等各专业全面监测特高压工程建设情况，为管理人员提供决策支持。

（2）管理业务域。项目全过程管理是从项目立项、核准、招标到工程设计、建设、投产及验收各个环节进行规范化管理；六大专业管理包括计划、安全、质量、技术、技经和队伍；环保管理主要包括提升环保全流程管控、环保智能化统计、现场全时空监督、环境全要素治理四方面能力。

（3）特色业务域，主要包括设备监造管理和通信工程管理。其中设备监造管理主要包括监造准备、过程管控和总结评价三个阶段工作，具体包括监造大纲、监造细则、排产与进度、监造周月报、监造巡检、监造抽检、远程监造、出厂试验、监造总结、监造评价等核心业务；通信工程管理包括工程项目部及人员管理、工程进度管理、作业安全风险管理、施工质量管理、工程项目总结管理等业务。

（4）现场智慧工地业务域，属于特高压工程现场应用创新类业务，主要包括全站综合感知、土建施工监测、电气安装监控三个主要部分。实现现场各类施工作业数据实时采集、就地监控、远程监测和问题及时闭环，为决策管理提供基础数据支撑。

2.3.2　技术架构

特高压工程数字化平台总体架构涵盖"三区"（即信息内网、信息外网、互联网），纵向覆盖"四层"（感知层、网络层、平台层和应用层），见图2.3-2，充分利用数据中台、技术中台等国家电网公司数字化基础设施，支撑特高压工程业务开展。

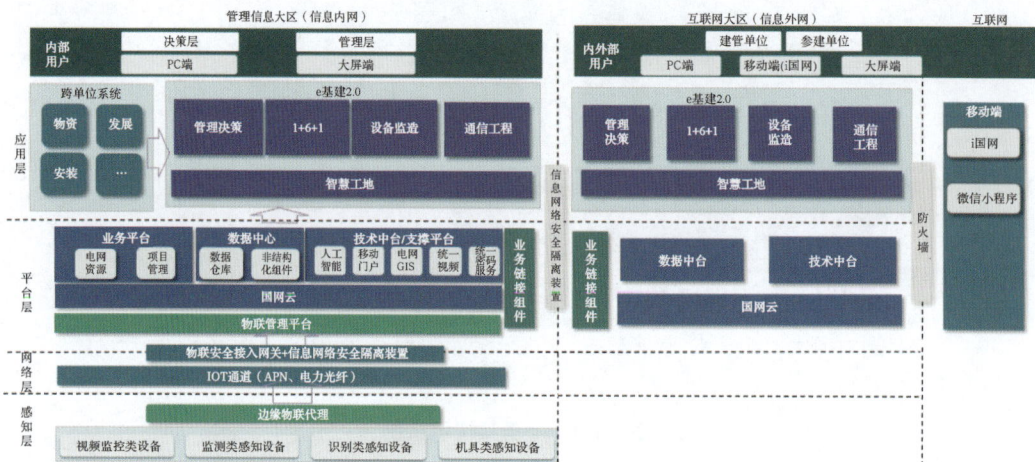

图 2.3-2　技术架构示意图

平台用户通过"i 国网"移动端 App、微信小程序和电脑端使用各项功能。项目部在现场使用"i 国网"移动 App 和互联网电脑浏览器访问；班组中分包用户主要使用微信小程序访问；其他建设管理内部用户使用移动 App、信息外网和信息内网电脑浏览器访问，适应内外部不同办公环境需要。

"三区"分别为管理信息大区（信息内网）、互联网大区（信息外网）和互联网。信息内网和信息外网均部署功能应用，支持两个环境下的用户访问，互联网用户通过防火墙访问信息外网。

"四层"分别为应用层、平台层、网络层和感知层。应用层由管理决策、"1+6+1"、设备监造、通信工程和智慧工地等组成；平台层为应用层提供统一的基础支撑服务，包

括统一视频平台、物联管理平台、统一权限平台、人工智能平台、国网云等；网络层由
电力光纤、互联网等网络设备组成；感知层实现设备终端传感信息的采集与汇聚；网络
层与感知层是现场智慧工地建设的主要部分。

2.3.3　安全架构

依据《信息安全技术　网络安全等级保护定级指南》（GB/T 22240—2020）和国家
电网公司《关于深化管理信息系统安全等级保护定级与备案相关工作的通知》（信息运
安〔2010〕116 号），特高压数字化平台的业务信息安全保护等级（S）定为三级，系统
服务安全保护等级（A）定级为二级，安全通用要求等级（G）为二级，整体安全保护等
级定为三级（S3A2G2）。

特高压数字化平台的数据分为系统数据、业务数据，所有数据均存储于管理信息
大区，见图 2.3-3。特高压数字化平台部署在国网云上，数据库为国网云关系型数据库，
主机安全针对操作系统、数据库系统进行安全防护设计。对应用服务器硬件故障采用负
载均衡方式进行防范，对数据库服务器硬件故障采用多节点部署方式进行防范。智慧工
地所产生的数据，均通过数据加密通道存储于信息内网环境。

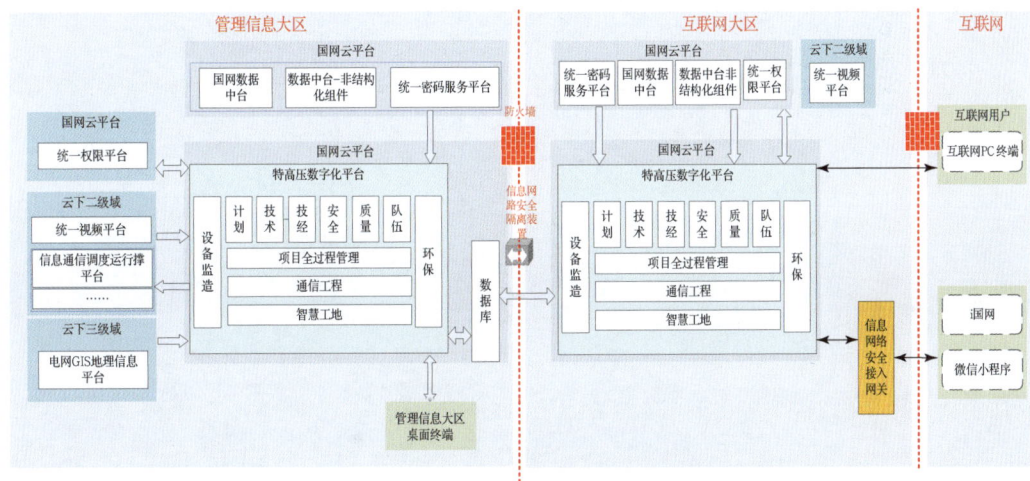

图 2.3-3　特高压数字化平台架构图

2.3.4　数据架构

结合特高压工程业务需求，基于 SG-CIM 模型成果，构建 e 基建 2.0 统一概念数据
模型库，涉及项目域、人员域、物资域、资产域、电网域、安全域、综合域 7 个主题域。

　　聚集项目全过程与计划、技术、技经、安全、质量、队伍、环保七大专业及设备监造、通信工程、智慧工地业务需求，共涉及项目域、安全域等 7 个一级主题域、20 个二级主题域。智慧工地主要涉及项目、物资、人员和安全 4 个域。数据架构见图 2.3-4。

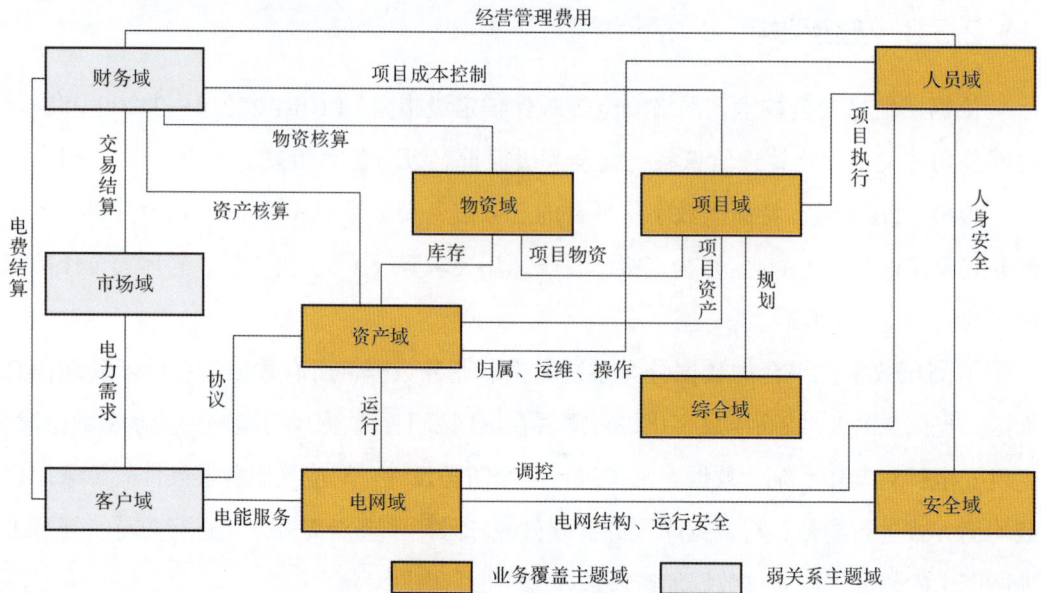

图 2.3-4　数据架构图

第3章
特高压智慧工地总体方案

特高压工程具有建设规模大、技术难度高、施工环境复杂等显著特点，国网特高压公司针对工程安全、质量管控要点和现场管控中的难点和痛点问题，提出了基于 e 基建 2.0 顶层设计和总体架构，在现场侧建设"智慧工地"，开展关键控制点和关键工艺流程智能化监控，通过物联网、云计算等新技术，助推特高压工程优质高效建设。

3.1　特高压智慧工地功能方案

3.1.1　智慧工地的概念

现代智慧工地是推动建造数字化转型的主要抓手，聚焦输变电工程现场"人、机、料、法、环"生产要素和现场作业，以机械化为基础，运用"大、云、物、移、智"等先进信息通信技术，构建服务工程现场施工和管理的综合性应用。

特高压智慧工地是以智能化工器具为基础，以主设备智慧安装为核心，以物联网、云计算、移动应用等新技术为支撑的工程现场管控手段，具有关键要素多模态感知、关键工艺全流程监测、关键指标就地监控并实时预警等主要特点。

3.1.2　建设原则与主要功能

（1）以实际问题为导向。紧密结合特高压工程现场管控关键环节要素，利用智能化手段解决现场安全质量问题，为工程智慧赋能。

（2）以实用高效为原则。总结智慧工地建设经验成效，逐步形成效果突出、技术成熟、实用易用的典型场景与工艺、工法进行推广。

（3）满足统一技术路线。按国家电网公司数字化统一技术路线，应用国家电网公司统一平台、组件，确保数据全链条贯通与网络信息安全。

（4）遵从统一业务架构。贯彻落实基建数字化转型"建造数字化"要求，依托特高压工程开展智慧工地创新与实践，支撑特高压工程全过程数智化转型升级。

智慧工地现场侧主要功能包括 5 类 17 项功能，具体见表 3.1–1。其中必选项为 10 项，可选项为 7 项，各工程应根据实际情况对可选项进行选择实施。

表 3.1–1　　　　　　　　　智慧工地现场侧主要功能清单

序号	类别	内容	是否必选	实施单位
1	基础设施	现场组网	是	土建施工
2		现场大屏	是	土建施工
3		人员车辆管理	是	土建施工
4		微气象监测	是	土建施工
5	视频监控	视频监控	是	施工单位
6	智慧安装	全封闭滤油监控	是	变压器厂家
7		油务安装工艺指标监控	是	变压器厂家
8		气务处理监测	是	GIS 厂家
9		螺栓紧固监测	是	GIS 厂家
10		套管吊装监测	否	电气施工
11		安装环境监测	是	电气施工
12	土建施工监测	大体积混凝土监测	否	土建施工
13		沉降监测	否	土建施工
14		深基坑监测	否	土建施工
15		边坡监测	否	土建施工
16	其他	现场全景视频	否	施工单位
17		三维深化应用创新	否	

3.2　特高压智慧工地技术路线

3.2.1　可供选技术路线

按照国家电网公司 e 基建 2.0 总体业务架构和技术架构，"智慧工地"现场数据要直接贯通到在总部侧应用,需要针对现有技术实现方式进行分析和重新设计。目前主要存在三种数据贯通方式,分别为信息系统分层级联多系统集成方式、应用物联管理平台方式和应用移动端蓝牙通信方式。

3.2.1.1　分层级联与系统集成

在基建工程智慧工地建设初期,普遍采用多级系统级联方式进行建设,决策层、管理层、现场层三级用户分别建设信息系统。决策层与管理层的智慧工地系统一般建设在国网云上,工程现场智慧工地系统一般建设在外部云平台上。智慧工地部署示意图见图 3.2-1。

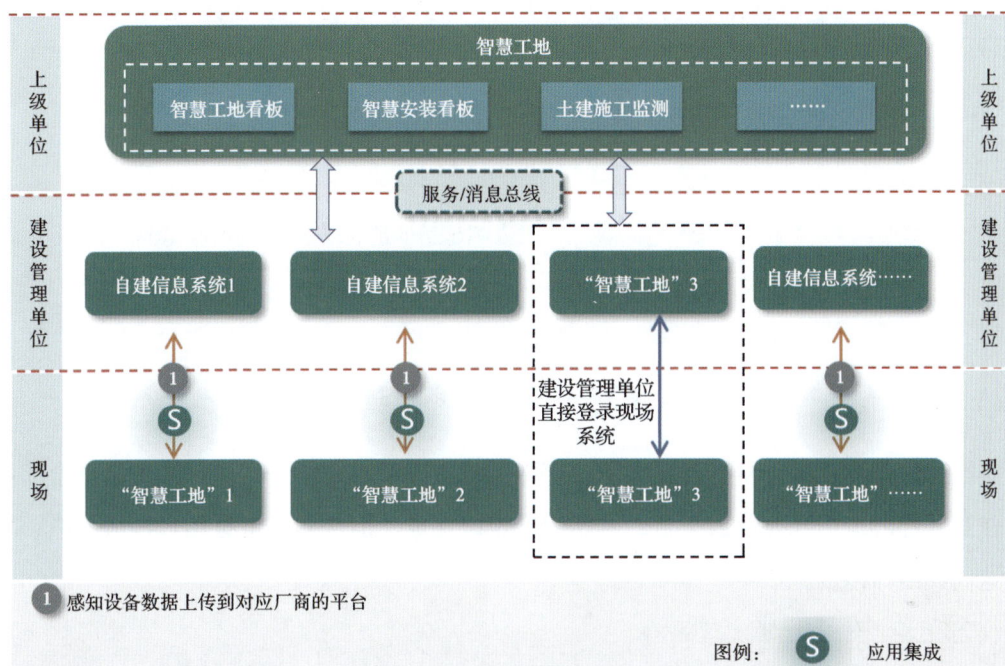

图 3.2-1　智慧工地部署示意图

现场智慧工地数据获取方式包括手工录入与自动感知两种。为能获取感知设备数据,需要现场"智慧工地"系统与感知设备厂商系统对接,通过与各厂商沟通协调,确定数据需求(包括数据项、数据格式、发送频率等)与系统接口规范,利用系统服务集成的方式(如 RESTFUL、消息队列等)获取数据。系统集成示意图见图 3.2-2。

该种方式普遍应用于各类信息系统和平台,其主要问题是:多套系统集成与多层级数据贯通,导致接口管理和协调工作量巨大,数据可以逐级修改,

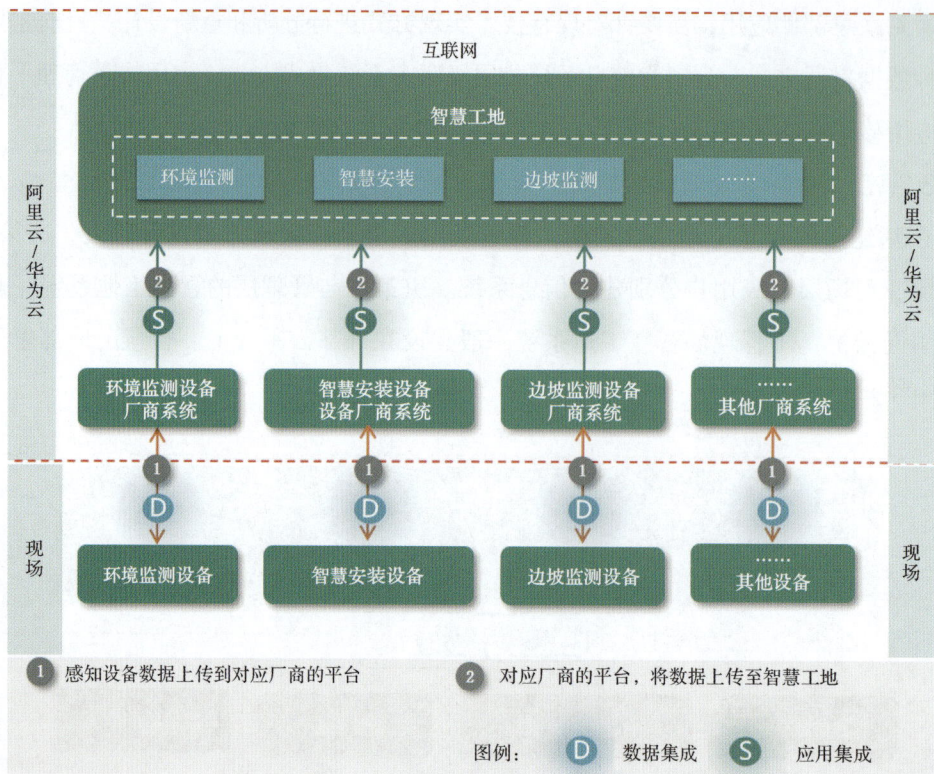

图 3.2-2　系统集成示意图

真实性无法保障；信息系统建设分散，存在重复建设与重复投资问题；系统数据全部暴露在互联网环境中和外部云平台，网络安全难以保证。但该方式也有用户响应快速、功能迭代灵活等特点。

3.2.1.2　统一物联管理平台

国家电网公司自 2019 年开始智慧物联体系建设，目前已在管理信息大区建立了统一的物联管理平台，互联网大区也已经在部分省上线应用，见图 3.2-3。平台支持物联设备的接入和命令下发，提供物模型、日志管理、实时监控、远程配置功能，支持 MQ 数据上行方式。平台在输变电、配电、客户侧、供应链等 9 个专业领域，形成共计 85 个应用场景典型设计，共计接入边缘设备 87 万余台，感知终端 430 万台。

在物联管理技术体系中，边缘代理设备连接了网络层和感知层，起到数据计算枢纽和传输枢纽的作用。在工程现场部署边缘代理设备，通过 Wi-Fi、蓝牙、LORA 等通信方式，直接与感知设备建立物联通道，再利用 MQTT、MODBUS 等协议进行数据传输。边缘代理设备经过数据整理和计算后，通过 APN 专线 +TF 卡硬加密的方式接入管理信息大区安全接入平台，向物联管理平台完成数据上传，物管平台再将数据传送至 e 基建 2.0，见图 3.2-4。

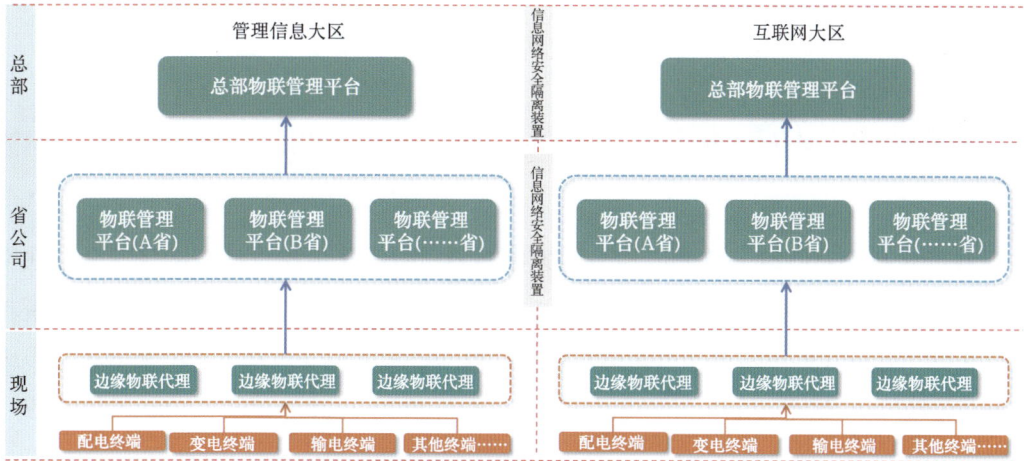

图 3.2-3　国家电网公司物联管理平台部署示意图

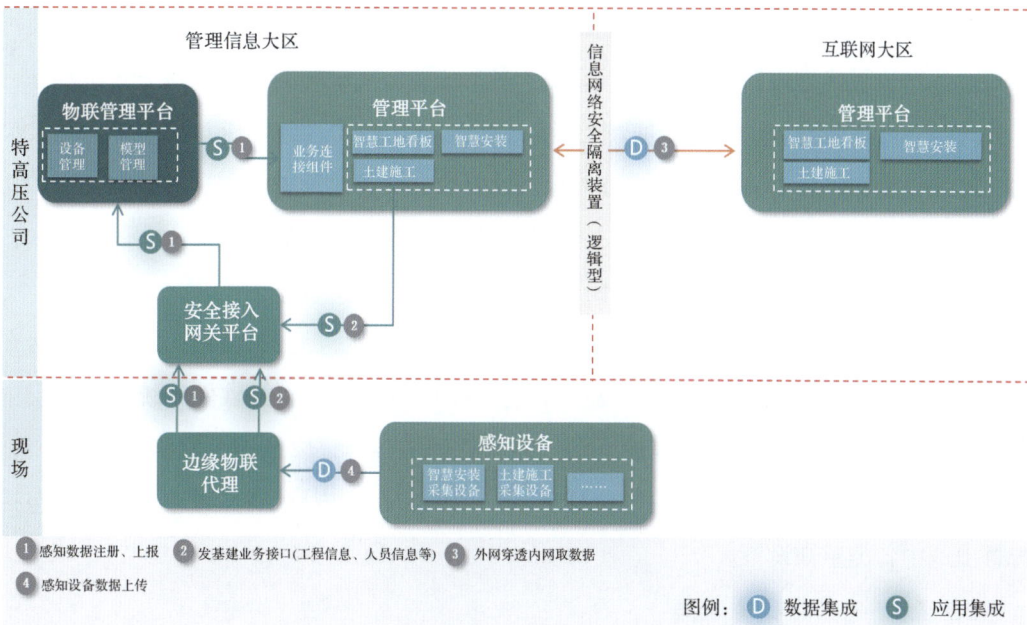

图 3.2-4　国网特高压公司物联管理平台集成示意图

3.2.1.3　移动端通过蓝牙通信接入移动门户

国家电网公司于 2021 年升级建成新版"i 国网"，该平台是国家电网公司统一的外网移动应用门户，支撑国家电网公司 150 万员工提供 1000 余个移动应用的使用需求，是移动业务末端融合的平台，达到 58 万日活。

通过移动端采集感知设备数据的各类业务，可以根据具体工作场景，在移动门户前端部署应用。再通过蓝牙直连移动端进行通信，将感知设备数据上传移动端。同时，业务应用后台部署相应的程序，将移动端数据贯通至业务系统。

3.2.2　技术方案

3.2.2.1　技术路线

在确定技术路线时，首先应遵从国家电网公司数字化顶层设计、网络安全刚性要求，同时综合考虑投资效益、数据价值和可操作性。根据特高压智慧工地的业务场景和网络条件，经过分析比选确定采用物联技术，即"边缘代理＋蓝牙直连"的方式获取感知层数据。

边缘代理＋蓝牙直连方式的优势在于能够解决系统一级部署后的数据通道问题，可以通过智能工器具或手机移动端自动获取数据，切实为基层减负。应用层、平台层统一建设避免重复投资。网络层采用加密 APN 通道，可以有效保证网络安全。感知层通过感知设备与边缘代理设备进行直连，解决了多系统接口集成的问题。但该方式也存在一定的问题，需逐步完善。如系统应用层统一建设，各工程个性化需求难以全部满足，灵活性欠缺；感知设备需具备数据外送功能，目前部分设备只具备向本厂商数据传送的功能，需要进行改造或替换。

3.2.2.2　系统架构

智慧工地系统包括应用层、平台层、网络层和感知层，见图 3.2-5，应用层部署在 e 基建 2.0 中。智慧工地应用层统一建设，各工程可不再开发相关软件系统。平台层主要包括国家电网公司统一视频监控平台、物联管理平台等，以及相关网络、安全设备。网络层连接感知层和平台层，主要包括现场局域网和跨省内网 APN 通道。感知层包括智慧工地中各类感知设备。

3.2.2.3　感知层数据采集

感知层数据采集包括了边缘代理设备采集（见图 3.2-6）和蓝牙直连移动端两种方式。

（1）电气类场景（油务、气务作业）。特点是作业连续、集中，对感知数据采集频率、实时性和边缘计算要求高，有成套智能化设备。这些场景可通过 Wi-Fi 通信，采用标准 MQTT 协议进行数据采集、计算和上传。

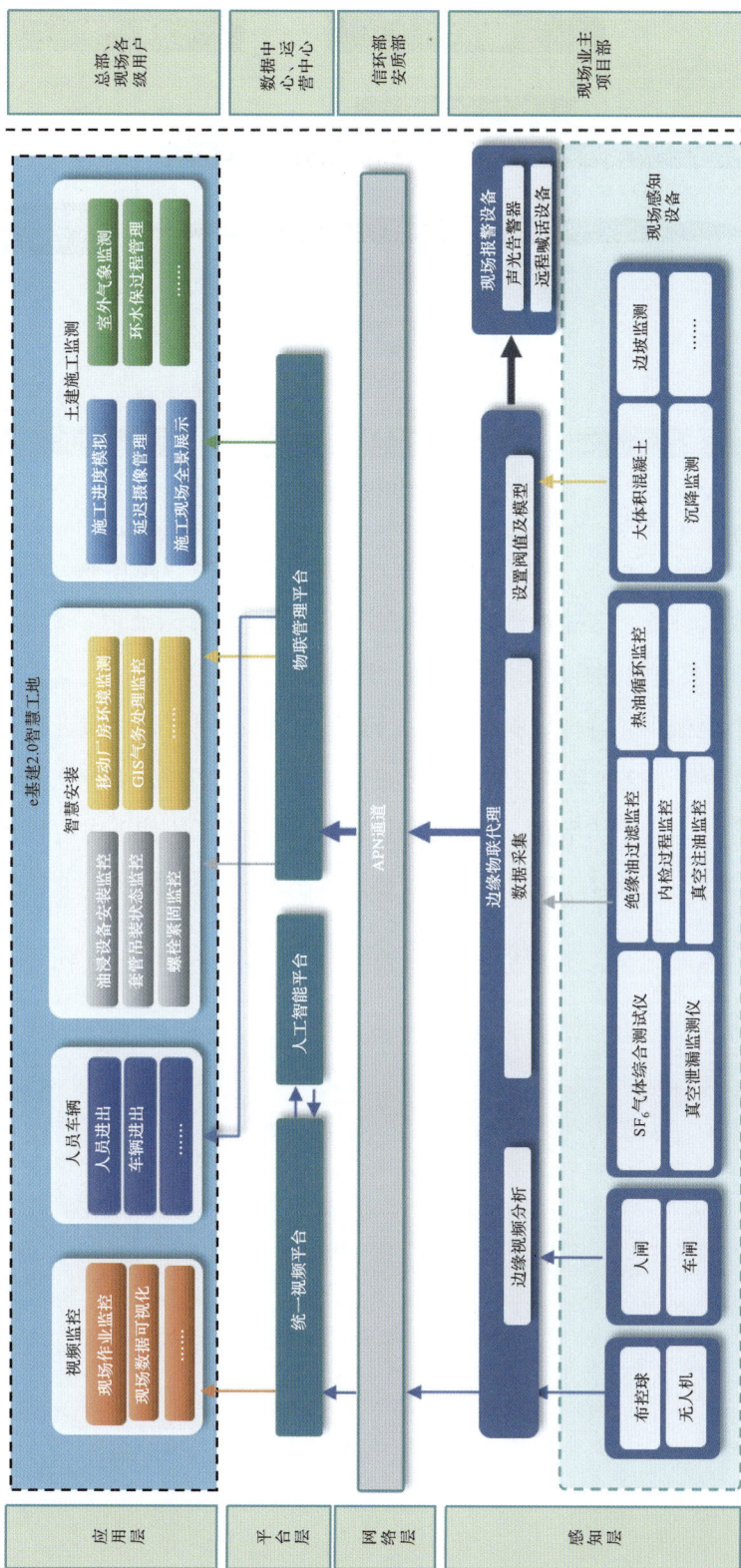

图 3.2-5　智慧工地部署示意图

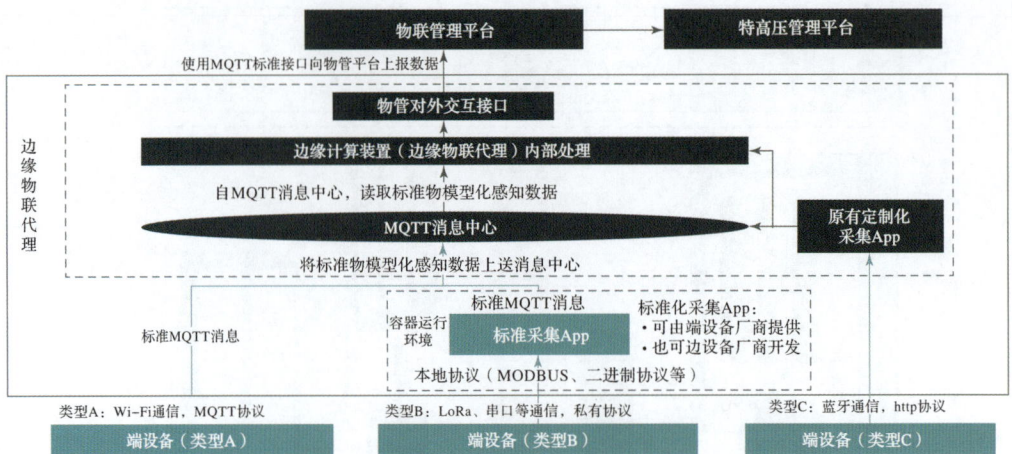

图 3.2-6　边缘代理物联图

（2）土建类场景（沉降、边坡、微气象、混凝土等）。特点是作业分布广且散、监测周期长，无成套设备。这些场景一般通过串口、LoRa 等方式通信，无法通过 MQTT 协议直接采集，需要边代侧开发定制化应用，进行协议转换。

（3）针对力矩扳手、特殊试验等场景。特点是作业必须有移动端进行定位或数据配合，周期短且频繁。这些场景可通过蓝牙直连移动端（如手机、PDA）进行通信，再选择以下两种方式之一上传数据：一是采用 http 协议上传至边代，由边代转换成标准 MQTT 协议上传物管；二是在"i 国网"上定制开发小程序，利用手机蓝牙接口将数据上传至 e 基建 2.0。

第4章

现场组网

智慧工地系统架构包括应用层、平台层、网络层和感知层。网络层在架构中起到了"承上启下"的作用，主要功能是将感知层数据上送至平台层进行数据存储、分析和应用；如用户侧有"反控"感知层设备的需要，也可以将控制指令自用户侧通过网络层下达给感知设备。网络层从拓扑结构上，可以简单划分为现场局域网和传输网两个部分。现场局域网是在现场建设期间临时搭建的网络，主要作用是将分布在现场各作业区的感知设备采集到的数据汇集到现场的"数据中枢"，即边缘代理设备；传输网起到了连接现场边缘代理设备和信息内网的作用，通过内网加密通道，确保数据安全、高效传输。

4.1 现场网络组建

4.1.1 概述

特高压工程现场网络是实现施工智能化的重要基础设施，其网络架构需满足现场施工环境条件下高可靠性、抗干扰性、广覆盖性及实时数据传输的要求。

现场网络的特点主要包括三个方面：一是建设应用临时性，工程现场局域网是在现场建设期间搭建的临时性网络，主要服务于智能化施工和建设管理需要，一般在土建施工过程中同步建设，工程带电投运前拆除；二是基础设施薄弱，特高压变电工程尤其是送端换流站工程大多位于西北、西南的高海拔、沙戈荒地区，现场自然环境恶劣，周边通信基站覆盖不足，信号较差；三是网络可靠性要求高，由于特高压工程施工强度大、技术要求高、作业风险多，利用数字化、智能化手段开展风险作业远程视频监控、主设备安装关键工艺指标监控是保障工程建设安全、质量的主要手段，这就要求现场网络运行可靠。

根据以上现场网络特点，在组建现场网络时应遵循以下工作原则：

（1）确保网络信息安全。智慧工地系统跨越国家电网公司信息网络的"三区四层"，因此在终端准入方面必须严格落实网络安全要求，通过应用统一密码平台、内网 APN、安全接入网关、网络隔离装置等确保网络安全。

（2）聚焦需求灵活可靠。结合智慧工地的主要应用场景和业务需求，建设"最小化"范围的局域网；针对业务场景特点和所在的作业区、作业时序特点，通过"永临结合"、有线无线结合的方式布设网络设备，保证网络不因施工作业而频繁中断。

（3）经济实用易于维护。为尽量降低组网投资，网络设备和相应辅材应按照易于回收、多次复用的方式进行方案设计；同时，要根据不同作业面的施工要求，综合考虑布线方式，尽量减少维护工作量。

4.1.2　现场网络结构

智慧工地系统网络可分为公司组网和现场组网两个部分。公司组网主要包括 APN 通道、安全接入网关、数据隔离装置等主要部分。现场组网主要包括边缘代理设备和现场局域网。现场局域网组网方式包括有线和无线两类。考虑特高压现场特点，一般采用无线 AP+ 有线网桥的网络架构。现场网络拓扑图见图 4.1–1。

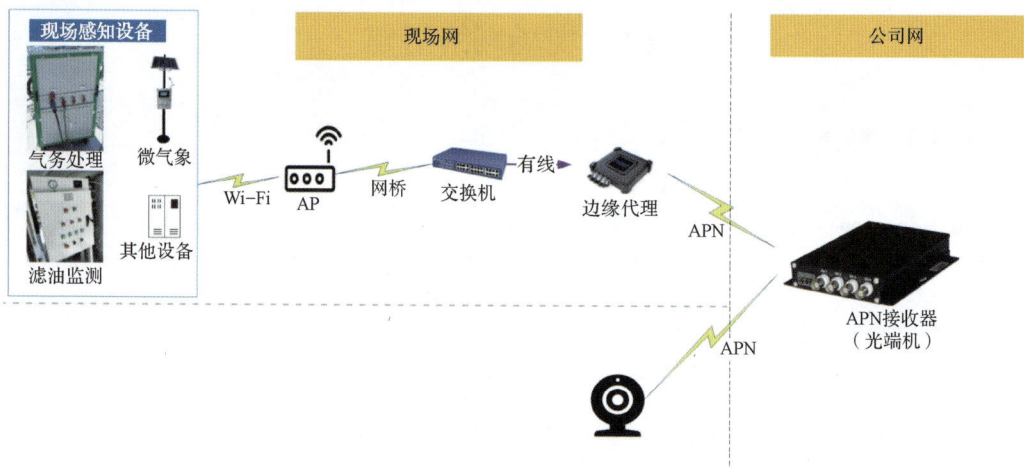

图 4.1–1　现场网络拓扑图

在特高压变电 / 换流站工程现场，包括临时办公区和施工现场两个区域。在临时办公区，布置智慧工地监控室，安装网络传输、边缘代理和监控终端等相关设备；在施工现场，根据作业类别、监控要求，可划分为站前区、土建作业监测区、电气作业监控区和其他监测区域。站前区主要布设包括人员车辆闸机、微气象监测设备、视频监控设备和网络传输设备等；土建作业监测区主要布设土建施工智能感知设备（沉降观测、边坡监测、大型混凝土测温、深基坑监测、高支模监测、塔吊监测、视频监控等）和网络传输设备；电气作业监控区主要布设智慧安装智能工器具、气务就地监控设备、视频监控等。感知设备连接示意图见图 4.1–2。

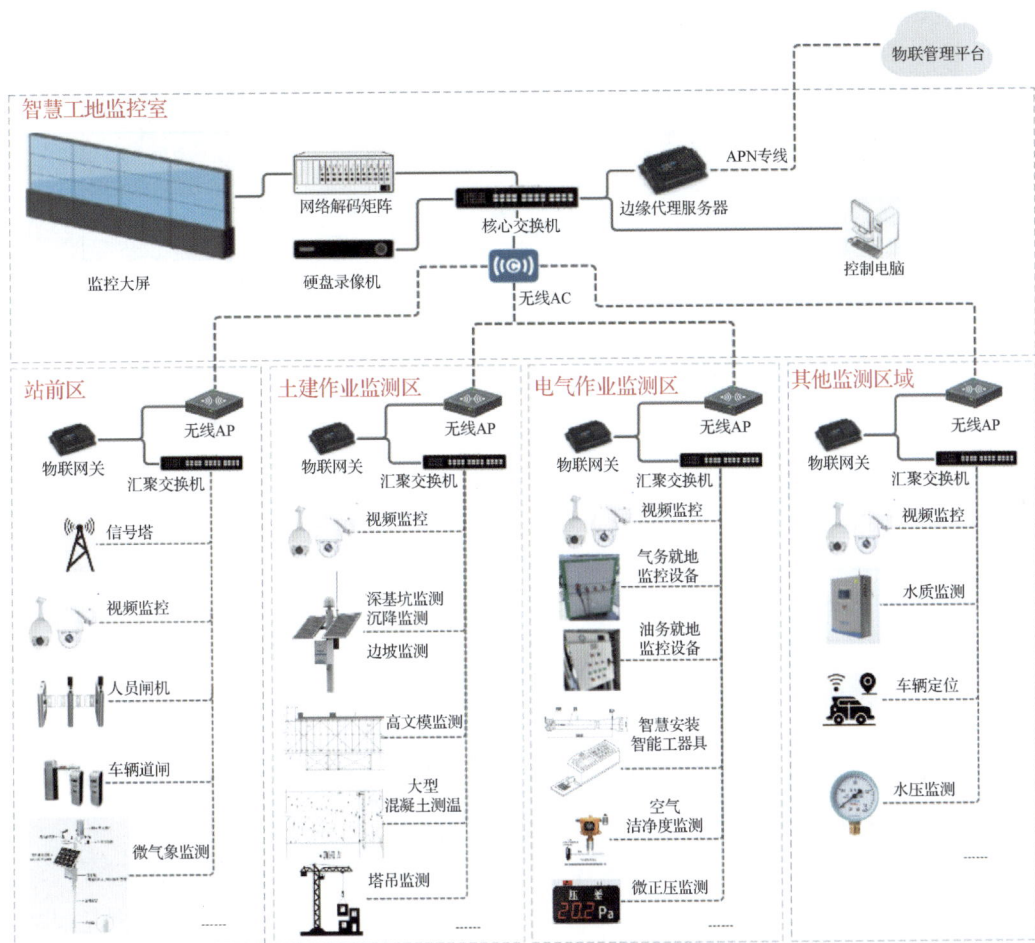

图 4.1–2　感知设备连接示意图

4.1.3　典型组网场景

4.1.3.1　换流站组网典型场景

某换流站总征地面积 34.39ha（515.9 亩，$1ha=10^4 m^2$），围墙长度 2435m。在直流场、交流场、阀厅、换流广场均布设了网桥和 AP。全站沿围墙布设了光缆，用于全站本地视频监控的网络接入，具体布置图和网络设备见图 4.1–3。

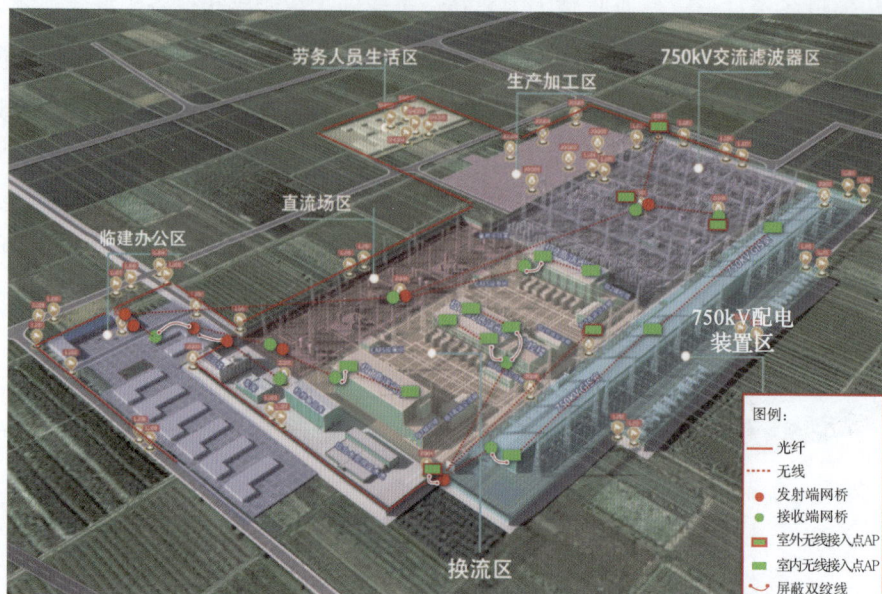

序号	区域	设备类型	数量
1	临建办公区	发射端网桥	3
2		接收端网桥	1
3	直流场区	发射端网桥	2
4		接收端网桥	2
5	750kV交流滤波器区	发射端网桥	2
6		接收端网桥	2
7		无线AP	4
8	换流区	发射端网桥	2
9		接收端网桥	1
10		无线AP	1
11	750kV GIS室内	接收端网桥	1
12		室内无线AP	4
13	极1高端阀厅	接收端网桥	1
14		室内网线AP	2
15	极2高端阀厅	接收端网桥	1
16		室内网线AP	2
17	极1、2低端阀厅	接收端网桥	1
18		室内网线AP	4
19	整站	双绞线、光纤	若干

图 4.1–3　换流站现场组网示意图

4.1.3.2　变电站组网典型场景

某特高电压互感器电站占地 355.2 亩，站区围墙长 1700m。施工作业区主要有主控楼区、高压电抗器区、配电装置区、无功补偿区、配电装置区。各区域安装了网桥与AP，用于智慧安装数据传输，具体布置图和网络设备见图 4.1-4。

序号	区域	设备类型	数量
1	主控通信楼区	发射端网桥	3
2		接收端网桥	1
3	高压电抗器区	发射端网桥	3
4		接收端网桥	1
5		室内无线AP	3
6	配电装置区	发射端网桥	3
7		接收端网桥	1
8		室内无线AP	3
9	无功补偿区	发射端网桥	3
10		接收端网桥	1
11		室内无线AP	3
12	配电装置区	发射端网桥	3
13		接收端网桥	1
14		室内无线AP	3
15	整站	双绞线、光纤	若干

图 4.1-4　变电站现场组网示意图

4.2   边缘代理设备

在特高压变电工程建设期间，智慧工地各类场景的数据，应按照国网物联技术要求，通过现场局域网接入边缘物联代理设备，进行数据归集和边缘计算后上传至信息内网平台。边缘代理设备的主要功能即包括边缘网关与边缘计算两个主要部分，两类功能可集成在一套软硬件设备中。

4.2.1   边缘网关功能

边缘网关是对多种通信方式和规约适配的边缘侧装置，利用本地通信网络实现各类传感器统一接入与数据上送。应支持多种 MQTT、http、MODBUS、TCP 等常见协议接入端设备，数据计算处理后采用 MQTT 协议通过 APN 专网传输至物联管理平台。

4.2.2   边缘计算

边缘计算（Edge Computing）是一种分布式计算范式，其核心思想是将数据处理、存储和应用服务从云端下沉到靠近数据源的网络边缘（如终端设备、基站、本地服务器等），主要特点包括以下几方面。

（1）低时延：数据无须远距离传输至云端，本地处理可大幅降低延迟（如工业机器人控制时延从 100ms 降至 5ms）。

（2）带宽优化：仅上传关键数据（如异常告警），减少网络拥塞。

（3）隐私与安全：敏感数据（如人员定位）本地处理，避免云端传输泄露风险。

（4）离线可用性：在网络中断时，边缘节点仍可独立运行（如偏远地区设备自主控制）。

边缘计算在特高压工程建设中解决了云端集中处理的瓶颈问题。当多个工程、多项作业同时展开时，数据量非常庞大。在特高压智慧工地的各类场景中，尤其针对主设备安装作业，关键指标监控时效性要求高，因此边缘计算是实现高效能、低延时、智能化的关键技术。

4.2.3   典型设备数据台账

为实现智能监控的业务需求，必须构建采集设备 – 边缘代理 – 物联管理平台的数据关系和数据台账，通过分析业务需求涉及的数据项及字段信息，将感知设备采集到的数据准确无误地在用户页面中进行呈现。数据台账的创建，在该项施工作业开始前完成，感知设备、边缘代理设备和物联管理平台中的设备信息保持一致。下面介绍几类主要场景的数据台账。

4.2.3.1　GIS 设备安装

气务处理分为设备、气室、单元安装 3 个台账，主要包括间隔名称、单元编码、单元类型、单元厂家、电压等级、气室编号、气室类别、单元编码、安装环节、安装对象类型、安装人员、安装状态 12 个必填字段，气务处理台账示意图见图 4.2-1。

序号	⇒间隔名称	间隔RFID	⇒单元编码	⇒单元类型	⇒单元厂家	⇒电压等级
1	F21		4-1	母线形态	平高电气	750kV
2	F21		4-2	母线形态	平高电气	750kV
3	F21		4-3	母线形态	平高电气	750kV
4	F21		4-4	隔离开关形态	平高电气	750kV
5	F21		4-5	电压互感器	平高电气	750kV
6	F21		4-6	断路器形态	平高电气	750kV
7	F21		4-7	电压互感器	平高电气	750kV
8	F21		4-8	隔离开关形态	平高电气	750kV
9	F21		4-9	母线形态	平高电气	750kV
10	F21		4-10	母线形态	平高电气	750kV
11	F21		4-11	母线形态	平高电气	750kV
12	F20		4-12	隔离开关形态	平高电气	750kV
13	F20		4-13	电压互感器	平高电气	750kV
14	F20		4-14	断路器形态	平高电气	750kV
15	F20		4-15	电压互感器	平高电气	750kV
16	F20		4-16	隔离开关形态	平高电气	750kV
17	F19		4-17	母线形态	平高电气	750kV
18	F19		4-18	母线形态	平高电气	750kV
19	F19		4-19	母线形态	平高电气	750kV
20	F19		4-20	隔离开关形态	平高电气	750kV

图 4.2-1　气务处理台账示意图

4.2.3.2　换流变压器、变压器安装

主设备台账主要包括主设备名称、相序、主设备编码、主设备厂家 4 个必填字段，见图 4.2-2。

序号	⇒主设备名称	⇒相序	⇒主设备编码	⇒主设备厂家
1	2#主变主体变A相	A相	131000001	保定天威保变电气股份有限公司
2	2#主变主体变B相	B相	111000002	保定天威保变电气股份有限公司
3	2#主变主体变C相	C相	111000003	保定天威保变电气股份有限公司
4	3#主变主体变A相	A相	121000001	保定天威保变电气股份有限公司
5	3#主变主体变B相	B相	121000002	保定天威保变电气股份有限公司
6	3#主变主体变C相	C相	121000003	保定天威保变电气股份有限公司
7	备用相主变主体变	备用相	191000001	保定天威保变电气股份有限公司
8	天府南1线A相	A相	161000001	特变电工衡阳变压器有限公司
9	天府南1线B相	B相	161000002	特变电工衡阳变压器有限公司
10	天府南1线C相	C相	161000003	特变电工衡阳变压器有限公司
11	天府南2线A相	A相	171000001	特变电工衡阳变压器有限公司
12	天府南2线B相	B相	171000002	特变电工衡阳变压器有限公司
13	天府南2线C相	C相	171000003	特变电工衡阳变压器有限公司
14	备用相	备用相	181000001	特变电工衡阳变压器有限公司

标⇒为必填项，主设备编码可自行编码，但需与就地监控装置上对应主设备编码一致

图 4.2-2　主设备台账

4.2.3.3　螺栓紧固

力矩扳手台账主要包括法兰面编码、螺栓数、对接方式、标准扭矩值（N·m）、主形态编码、形态 2 编码、电压等级 7 个必填字段，见图 4.2-3。

序号	法兰面编码	螺栓数	对接方式	标准扭矩值（N·m）	主形态编码	形态2编码	电压等级
1	1-23/1-24	24	对接	220	1-23	1-24	750kV
2	1-20/1-21	24	对接	220	1-20	1-21	750kV
3	1-19/1-20	24	对接	220	1-19	1-20	750kV
4	1-18/1-19	24	对接	220	1-18	1-19	750kV
5	1-17/1-18	24	对接	220	1-17	1-18	750kV
6	1-16/1-17	24	对接	220	1-16	1-17	750kV
7	1-15/1-16	24	对接	220	1-15	1-16	750kV
8	1-12/1-13	24	对接	220	1-12	1-13	750kV
9	1-11/1-12	24	对接	220	1-11	1-12	750kV
10	1-10/1-11	24	对接	220	1-10	1-11	750kV
11	1-9/1-10	24	对接	220	1-9	1-10	750kV
12	1-8/1-9	24	对接	220	1-8	1-9	750kV
13	1-7/1-8	24	对接	220	1-7	1-8	750kV
14	1-5/1-6	24	对接	220	1-5	1-6	750kV
15	1-4/1-5	24	对接	220	1-4	1-5	750kV
16	1-3/1-4	24	对接	220	1-3	1-4	750kV
17	1-2/1-3	24	对接	220	1-2	1-3	750kV
18	1-1/1-2	24	对接	220	1-1	1-2	750kV
19	1-47/1-48	24	对接	220	1-47	1-48	750kV
20	1-44/1-45	24	对接	220	1-44	1-45	750kV
21	1-43/1-44	24	对接	220	1-43	1-44	750kV
22	1-42/1-43	24	对接	220	1-42	1-43	750kV
23	1-41/1-42	24	对接	220	1-41	1-42	750kV
24	1-40/1-41	24	对接	220	1-40	1-41	750kV
25	1-39/1-40	24	对接	220	1-39	1-40	750kV

图 4.2-3　力矩扳手台账

第 **5** 章

综合、土建类典型应用场景

目前在特高压变电（换流）站工程现场，已形成三大类（综合、土建、电气）成熟的智能化典型应用场景，本章重点讲述综合、土建类典型应用场景。国网特高压公司对各项场景的功能性能指标、业务技术要求进行了规范，在特高压工程现场组织实施应用，有效提升了工程本质安全、实体质量和整体建设效率。

5.1 综合类

5.1.1 监控视频

5.1.1.1 应用场景

通过固定式和可移动式视频监控设备，用于三级及以上风险作业监控、关键施工质量控制监控和其他日常监控。

5.1.1.2 功能性能

视频监控设备主要功能应包括实时监控、远程云台、录像回放、语音双向对讲、在线监测和根据管理需求定制化的图像识别功能（如人脸识别、违章识别等），主要性能指标应包括：①视频质量指标，包括分辨率、帧率、对比度、亮度、颜色保真度等；②系统性能指标，包括响应时间、系统稳定性、存储容量、网络延迟；③安全性指标，包括数据加密、访问控制；④环境适应性指标，包括抗干扰能力、环境适应性；⑤维护与可靠性指标，包括故障率和维护便利性。

5.1.1.3 监控内容

（1）现场文明施工布置：检查施工场地是否合理规划，材料堆放区、工器具堆放区、人员休息区等功能区域划分是否清晰；施工围挡设置是否规范、牢固，是否按照要求张贴安全警示标识与宣传标语等。

（2）机械设备操作：查看机械操作是否按照规程进行操作，如绞磨受力前方不得有人，拉磨尾绳不少于2人。检查施工机械的安全防护装置是否完好无损，如起重机的限位器等。

（3）各类工器具使用：确认工器具是否完好无损，检查工器具的使用方法是否正确。例如，链条葫芦应牢固地固定在可靠的支撑物上，卸扣销轴不得扣在能活动的绳套或索具内等。

（4）作业层班组人员配置：核实各作业班组的人员准入情况，作业层骨干是否到岗到位等。

（5）特种人员施工作业：监督特种作业人员在作业过程中是否严格遵守特种作业操作规程，是否正确佩戴和使用个人防护用品等。

（6）人员精神状态及作业行为：观察作业人员是否存在疲劳、酒后上岗、打瞌睡等精神不佳的状态。注意人员在作业时是否有违规行为，如随意跨越防护栏杆、在禁止烟火区域吸烟、未系安全带进行高处作业等。

（7）安全措施执行情况：检查施工现场是否按照施工方案要求落实各项安全措施，如塔材支垫、洞口防护是否到位，是否设置明显的安全警示标识等。

（8）隐蔽工程：在隐蔽工程施工过程中，检查施工工艺是否符合规范要求。例如，基础开挖时可能出现边坡坍塌风险，要关注开挖坡度是否符合设计，有无采取有效的支护措施。电缆敷设过程中，检查电缆保护措施是否到位等。

5.1.2 微气象

5.1.2.1 应用场景

在工程施工过程中，室外环境监测对于预防自然灾害、保障施工安全和提高施工质量具有重要作用。通过微气象监测可以实时掌握施工现场的气象条件和环境变化从而及时调整施工方案，采取相应的防护措施。

5.1.2.2 主要功能

微气象站主要功能包括实时监测施工现场温度、湿度、风速、风向、PM2.5、PM10、噪声等环境数据，在高海拔、沙戈荒地区还具有含氧量监测、紫外线监测功能，见图5.1–1。

图 5.1-1　室外微气象站

5.1.2.3　监测指标

微气象主要监测指标见表 5.1-1。

表 5.1-1　　　　　　　　　　　　微气象主要监测指标

监测项	量程	分辨率	精度
温度（℃）	-40 ~ 120	0.1	±0.3
湿度（%RH）	0 ~ 100	0.1	±2
风速（m/s）	0 ~ 45	0.1	±0.3
风向（°）	0 ~ 360	1	±1
降水	0.001 ~ 0.1m	0.5mm	
PM2.5（$\mu g/m^3$）	0 ~ 1000	1	≤ ±10%
PM10（$\mu g/m^3$）	0 ~ 2000	1	≤ ±10%
噪声分贝值（dB）	30 ~ 130	0.2	
大于 0.5μm 粒子数（个/ft^3）	4000000	1	±15%
大于 1μm 粒子数（个/ft^3）	4000000	1	±15%
大于 5μm 粒子数（个/ft^3）	4000000	1	±15%
含氧量（%）	0 ~ 25	0.1	≤ ±3%
紫外线（W/m^2）	0 ~ 30	0.01	±2%

5.1.2.4　工作原理

微气象监测设备由主机（数据采集仪）、传感器、通信模块和支架、防水箱等组成，LED屏实时显示采集到的气象数值，实时获取温度、湿度、风力、风向、降水等气象数据，实现实时数据传输。室外微气象站部署在施工生活区、施工场地入口，根据场地条件，多固定在水泥路面或采用带脚轮的移动车。建议采用太阳能进行供电，或者采用市电进行供电。

5.1.2.5 数据应用

施工作业人员在每天站班会前通过微气象数据了解天气情况。特别关注风速和含氧量等数据，当风速超过四级时，避免高空作业。在含氧量低时，对施工作业人员进行重点监护，为人员休息期间提供弥散式供氧。

5.1.3 人员车辆管控

5.1.3.1 应用场景

根据国家电网公司输变电工程现场人员管控相关要求，对参建人员、车辆进行实名制管理。工程现场在进行封闭施工时，应安装人员、车辆进出站自动识别设备，确保准入人员和车辆信息提前登记备案后，方可进入现场。

5.1.3.2 主要功能

人员闸机通过人脸、指纹、IC/ID卡识别等实时监测进出站人员，实现对站内管理人员和分包人员监管。支持根据人员资质、证书、黑白名单等策略控制闸机开关，避免未经授权或危险的人员进入。车辆道闸通过车辆识别实时监测进出站车辆，实现对站内管理车辆全面有效管理，避免未经授权车辆进入。人员闸机和车辆道闸见图5.1-2。

图5.1-2 人员闸机和车辆道闸

5.1.3.3　监测指标

人员车辆管控主要监测指标见表 5.1–2。

表 5.1–2　　　　　　　　　　　　　人员车辆管控主要监测指标

类别	监测指标
人员闸机	开闸时间不大于 0.5s，通行速度不小于 40 人 /min，人脸、指纹 / 虹膜、IC/ID 卡识别时间小于 0.5s，活体检测，支持 10000+ 人脸比对，具备进出方向指示、断电开闸开启，防尘防水等级 IP54
车辆道闸	车牌识别速度不大于 0.5s，LED 屏 + 语音播报，夜间有补光灯，配备无线遥控器、支持手动起竿开闸

5.1.3.4　工作原理

两 / 三 / 四通道双向翼闸人员闸机根据现场施工人员规模按需配备，具备人脸、指纹、IC/ID 卡识别，实现人员识别过闸。闸机具有信息本地存储、语音提示、方向指示、断电开闸等功能。部署在进出站大门处并进行地面水泥硬化，用膨胀螺栓将闸机固定，防止倾覆。为保证设备在室外正常使用，人员闸机应建设在雨棚或集装箱通道内。闸机线路示意图见图 5.1–3。

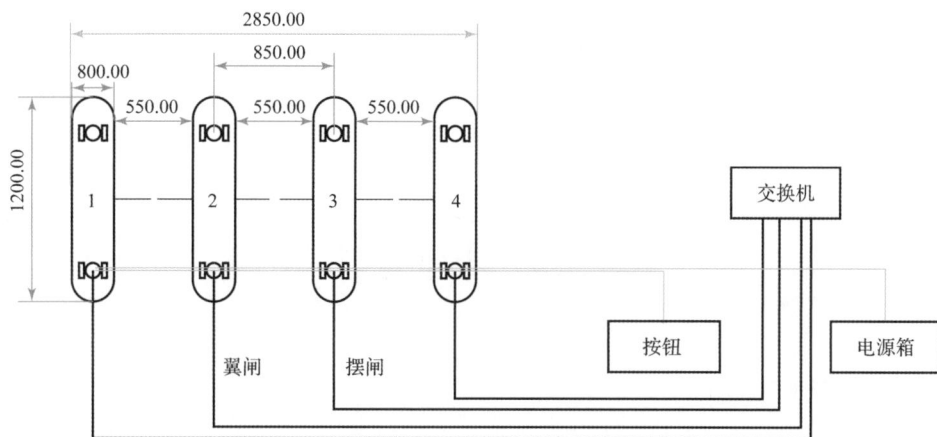

图 5.1–3　闸机线路示意图

车辆道闸建议采用单杆 / 双杆，具备车牌识别和车辆抓拍记录功能，道闸具有信息本地存储、语音提示、支持手动起竿开闸等功能。将道闸部署在施工现场门的两侧，用地脚螺栓固定。两个道闸之间预埋一根 PVC 管，敷设电源线与网线，用于供电与数据接入。

5.1.3.5 数据应用

通过人员闸机和车辆道闸对人员、车辆数据信息进行本地化管理。人员和车辆进出数据本地存储，实现了施工现场人员流动的有效管理，优化了人员考勤。

5.1.4 排水监测

（1）应用场景：施工废水主要来源于站内施工及施工生产生活区等地产生的生产废水、施工机械冲洗废水、机械维修废水等，施工废水的随意排放对周围土壤、周围水环境带来严重危害。通过部署和安装施工废水监测设备，及时发现废水外排现象，并进行预警。根据预警信息，及时采取相应预警措施、处理废水外排问题，保护周边生态环境。

（2）主要功能：水质监测设备主要包括酸碱传感器、含氧量、重金属分析仪，结合人工审核与智能识别，精准捕捉废水外排行为；一旦监测到异常，立即定格现场影像并速发预警。

（3）监测指标：pH 值、溶解氧、氨氮、总氮、重金属等指标。

（4）工作原理：水质监测设备主要包括酸碱传感器、含氧量、重金属分析仪，通过布设水质监测设备，实时监测 pH 值、溶解氧、氨氮、总氮、重金属等指标。

（5）数据应用：部署水质监测设备，管理人员可以实时掌握水质，以最快速度遏制废水外排，减轻对周边生态环境的破坏。同时，这些预警数据还将被记录并保存，为后续的环境评估、追溯及改进提供宝贵的参考依据。

5.2   土建类

5.2.1 沉降观测

5.2.1.1 技术规范要求

（1）观测范围：沉降观测的范围应包括所有可能受到建筑物或构筑物影响的区域。对于新建建筑物，应从基础施工开始至建筑物竣工后的一段时间内进行连续观测。对于已建建筑物，应根据建筑物的使用情况和周边环境变化进行定期或不定期的观测。

（2）观测周期：观测周期应根据建筑物的性质、地质条件、施工阶段和沉降速率等因素确定。一般情况下，新建建筑物在施工期间应进行频繁观测，如基础施工阶段每天一次，主体结构施工阶段每周一次。建筑物竣工后，观测周期可适当延长，如每月一次，直至沉降稳定。

（3）观测要求：沉降观测应由专业人员使用精密仪器进行，确保数据的准确性和可靠性。观测过程中应遵循以下要求：

1）观测点应设置在稳定且易于长期保存的位置。

2）观测数据应记录完整，包括观测时间、天气条件、观测人员等信息。

3）观测数据应进行必要的校正，如温度、仪器误差等。

4）观测结果应进行分析，及时发现异常情况并采取相应措施。

5.2.1.2　已实现的功能

（1）应用场景：沉降观测广泛应用于建筑工程、基础设施建设、地质灾害监测等领域。特别是在高层建筑、大型桥梁、地铁隧道、堤坝等重要工程中，沉降观测是确保工程安全和稳定的关键技术。

（2）主要功能：实时监测建筑物或构筑物的沉降情况；预警可能发生的不均匀沉降或过大沉降，及时采取措施；评估建筑物或构筑物的长期稳定性；为工程设计、施工和维护提供科学依据。

（3）监测指标：累计沉降量、沉降速率、不均匀沉降、沉降曲线分析。

（4）数据应用：通过数据分析，评估建筑物或构筑物的安全状况；为工程设计提供实际沉降数据，优化设计方案；为施工过程提供指导，调整施工方法和工艺；为维护和加固提供依据，延长建筑物或构筑物的使用寿命。

5.2.1.3　技术发展方向展望

（1）布点选择和实施：根据建筑物的结构特点和地质条件，优化沉降观测点的布置方案；开发自动化和智能化的布点实施技术，提高布点的准确性和效率。

（2）精度提升：引入更高精度的测量仪器和方法，如 GNSS、激光扫描等；研究和应用数据融合技术，提高沉降数据的准确性和可靠性；开展沉降观测数据的长期积累和分析，建立沉降预测模型，提高沉降预测的准确性。

5.2.2　边坡监测

边坡监测是确保边坡稳定性和安全性的关键环节，涉及对边坡的位移、应力、地下水位、裂缝等多方面进行实时监控。

5.2.2.1 技术规范要求

（1）监测范围：监测范围应覆盖整个边坡区域，包括潜在的滑动面、裂缝发育区，以及可能受边坡变形影响的周边区域。对于高风险边坡，监测范围应适当扩大，包括可能影响边坡稳定性的周边建筑物、道路等。

（2）监测周期：监测周期应根据边坡的稳定性状况、地质条件、气候条件等因素确定。对于稳定性较差或处于施工期的边坡，监测周期应较短，如每日或每周一次。对于稳定性较好的边坡，监测周期可以适当延长，如每月或每季度一次。

（3）监测要求：监测设备应满足精度要求，能够准确记录边坡的微小变化。监测数据应实时传输至监控中心，以便及时分析和处理。监测人员应具备相关专业知识，能够对监测数据进行有效解读。

（4）判定标准：根据监测数据的变化趋势和量值，设定预警阈值和危险阈值。预警阈值用于提示潜在风险，危险阈值用于指示必须采取紧急措施。

5.2.2.2 已实现的功能

（1）应用场景：边坡监测广泛应用于公路、铁路、矿山、水库、城市建设等领域的边坡稳定性评估，特别适用于地质条件复杂、边坡高度大、潜在滑坡风险高的区域。

（2）主要功能：实时监测边坡位移、倾斜、裂缝开展、地下水位变化等关键指标；通过无线传输技术，将监测数据实时发送至监控中心；数据分析和处理包括趋势分析、阈值判断、报警提示等。

（3）监测指标：①位移监测，通过全站仪、GPS、倾斜仪等设备监测边坡的水平和垂直位移；②应力监测，使用土压力计、应变计等设备监测边坡内部的应力变化；③裂缝监测，采用裂缝计、光纤传感等技术监测裂缝的宽度、长度和扩展速率；④地下水位监测，通过水位计监测边坡地下水位的变化情况。

（4）数据应用：数据分析用于评估边坡的稳定性，预测潜在的滑坡风险。监测数据可为边坡治理工程的设计和施工提供依据。长期监测数据有助于研究边坡变形规律，优化监测方案。

5.2.2.3 技术发展方向展望

（1）传感器技术：开发更高精度、更稳定、更耐用的传感器，以提高监测数据的准确性。

（2）无线传感网络：利用无线传感网络技术，实现监测数据的实时传输和远程监控。

（3）数据分析技术：应用大数据分析、人工智能等技术，提高监测数据的处理效率和预测准确性。

（4）集成化监测系统：开发集多种监测功能于一体的综合监测系统，实现多参数同步监测。

（5）自适应监测技术：研究和开发能够根据边坡实际变化情况自动调整监测频率与方法的自适应监测技术。

5.2.3　大体积混凝土测温

5.2.3.1　技术规范要求

（1）大体积混凝土温度监测范围：温度监测范围应覆盖整个大体积混凝土结构，重点监测区域包括但不限于：结构内部核心区域，以评估内部温升和散热情况；结构表面，以监测与环境的热交换情况；结构的角隅和边缘区域，这些区域容易产生温度应力集中；预埋件和钢筋密集区域，以评估这些区域的温度分布和可能的热应力。

（2）大体积混凝土温度监测周期：监测周期应根据混凝土浇筑后的龄期、环境温度、混凝土的水化热特性等因素确定，具体要求：初期（浇筑后 1 ~ 3 天内），每 2 ~ 4h 监测一次；中期（浇筑后 4 ~ 7 天内），每 4 ~ 8h 监测一次；后期（浇筑后第 8 天至混凝土内部温度稳定），每天监测一次。特殊情况下，如环境温度变化剧烈或混凝土出现异常温升时，应加密监测频率。

（3）大体积混凝土温度监测要求：监测点布置应根据结构特点和施工方案合理设置，确保数据的代表性。监测设备应具备足够的精度和稳定性，以保证数据的准确性。监测数据应实时记录，并进行长期保存，以便后续分析和评估。监测过程中应有专人负责，确保监测工作的连续性和数据的可靠性。

（4）大体积混凝土温度监测标准：温度监测数据应符合国家或行业标准，如《混凝土结构工程施工质量验收规范》（GB 50204）等。温度监测结果应满足设计要求，如混凝土内部最高温度不超过设计规定的限值，应根据监测数据及时调整养护措施，确保混凝土结构的质量和安全。

5.2.3.2　已实现的功能

（1）应用场景：大型土木工程，如大坝、桥梁、高层建筑的基础等；大型工业设施，如发电厂、化工厂的基础和储罐等；特殊结构，如核反应堆的安全壳、海洋平台等。

（2）主要功能：实时监测混凝土内部及表面的温度变化；预警混凝土温度异常，如温升过快或温差过大；评估混凝土的热应力和裂缝风险；为混凝土养护提供科学依据，优化养护方案。

（3）监测指标：混凝土内部温度、表面温度；环境温度、湿度；混凝土的水化热发展情况；混凝土的热传导系数。

（4）数据应用：通过数据分析预测混凝土的温度发展趋势，为混凝土结构设计提供温度影响的参考数据，评估和优化混凝土施工工艺和养护措施，作为混凝土质量控制和验收的依据。

5.2.3.3 技术发展方向展望

（1）智能化和自动化：随着物联网和人工智能技术的发展，温度监测将更加智能化和自动化，实现数据的实时分析和预警。

（2）高精度传感器：开发更高精度、更稳定的温度传感器，提高监测数据的准确性。

（3）集成化监测系统：将温度监测与其他监测技术（如应力、裂缝监测）集成，形成综合监测系统。

（4）模拟仿真技术：结合温度监测数据，利用计算机模拟技术，更准确地预测混凝土的温度场和应力场。

（5）绿色施工：通过温度监测优化混凝土的养护工艺，减少能源消耗和环境影响，实现绿色施工。

5.2.4 第三方检测

5.2.4.1 技术规范要求

（1）材料检测：对建筑材料如混凝土、钢筋、砖等进行性能检测，包括强度、耐久性等。

（2）结构检测：对建筑物的结构、构件进行评估，包括承载力、稳定性等。

5.2.4.2 已实现的功能

随着信息技术的发展，第三方检测机构开始逐步实现数字化管理，以提高工作效率和检测质量。目前可以实现主要的数字化管理。

（1）试验数据自动上传：通过传感器和自动化设备，试验数据可以实时采集并自动上传至数据库，减少人为错误和提高数据处理速度。

（2）报告签发流转：数字化系统可以实现检测报告的自动生成、审核、签发和流转，确保报告的准确性和及时性。

（3）实时监控与预警：通过数字化平台，可以实时监控检测过程中的关键指标，一旦出现异常，系统会自动发出预警，便于及时处理问题。

（4）云存储与数据分析：检测数据和报告可以存储在云端，便于数据的长期保存和随时调用。同时，利用大数据分析技术，可以对检测数据进行深入分析，为工程质量评估和改进提供科学依据。

5.2.4.3　技术发展方向展望

特高压工程应用第三方检测数字化主要包括检测数据自动上传、检测仪器设备和人员管理、检测结果无纸化流转。同时，要创新数据采集和检测仪器数字化改造，持续提升第三方检测数字化水平。

5.2.5　塔吊监测

5.2.5.1　应用场景

在现场塔吊作业时，通过在塔吊相关部位安装传感器，操作人员和管理人员可以及时掌握塔吊作业过程中的质量、高度、幅度、角度、力矩等指标，提高作业的安全水平和工作。

5.2.5.2　主要功能

塔吊监测系统主要功能包括监测吊重、塔吊倾角、塔吊幅度、塔吊高度、回转、风速传感器等。通过感知数据可以实现塔机吊钩自动跟踪、降低盲吊风险，远程监管人员可以远程查看塔吊作业工地现场情况，进一步提高工程安全作业水平。塔吊监测示意图见图 5.2-1。

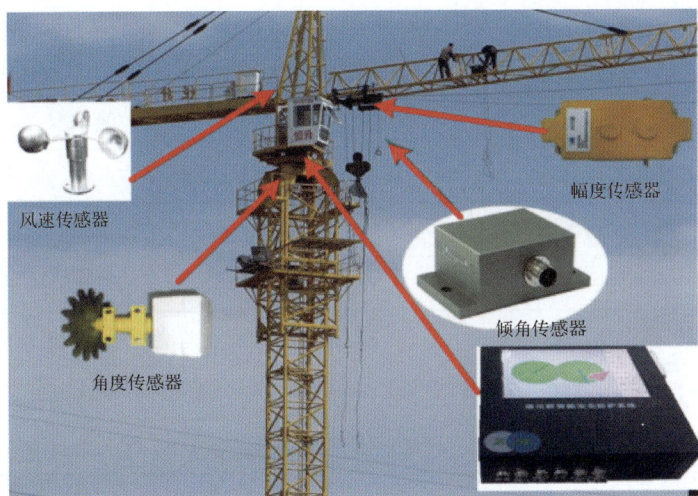

图 5.2-1　塔吊监测示意图

5.2.5.3 监测指标

塔吊监测指标见表 5.2-1。

表 5.2-1   塔吊监测指标

监测项目	监测传感器	量程	分辨率	精度
塔吊回转角度	回转角传感器	0° ~ 360°	<0.1	
小车行程	小车行程传感器	0 ~ 80m	<0.1m	
吊钩高度	吊钩高度传感器	0 ~ 100m	<0.1m	0.01m
吊物重	吊物重传感器	2 ~ 20t	<20kg	0.05%
风速	风速传感器	0 ~ 30m/s	0.1m/s	
倾角	倾角传感器	0° ~ 15°	0.01°	0.05°

5.2.5.4 工作原理

塔吊监测系统包括质量、倾角、幅度、高度、回转、风速传感器和显示屏、系统主机等。质量传感器安装在起重臂上悬杆后端，实时监测塔吊起重的重物质量。回转传感器安装在塔机回转轮上，实时测量臂杆当前所在的方位。幅度传感器安装在变幅机构卷筒支架一侧，实时监测塔机小车距塔机中心的距离、幅度。高度传感器安装在起升机构卷筒支架一侧，用万向节连接，实时监测吊钩到地面的高度值。在塔吊的前后两段安装上倾角传感器，对塔吊的平衡臂的倾斜角度实时检测。风速传感器安装在塔尖处，实时监测塔吊运行过程中的风速值。

塔吊监测装置部署位置清单见表 5.2-2。

表 5.2-2   塔吊监测装置部署位置清单

装置部署位置	监测内容
安装在塔机回转轮上	监测塔吊作业时的回转角度
起重臂上悬杆后端	监测塔吊作业时的重量力矩
塔尖	监测塔吊作业时的风速
变幅机构卷筒支架一侧	监测塔吊作业时幅度
起升机构卷筒支架一侧	监测吊钩到地面的高度
变幅机构卷筒支架一侧	监测塔机小车距塔机中心的距离

5.2.5.5　数据应用

在施工过程中，通过实时监测塔吊的运行数据，及时发现并处理潜在的安全隐患。在发生安全事故时，通过查看塔吊监测数据，了解事故发生的具体原因和过程。为事故调查和处理提供有力的证据支持，避免类似事故的再次发生。将塔吊监测数据以图形或数值的形式进行动态实时显示，使操作人员和管理人员能够直观地了解塔吊的工作状态。

第 **6** 章
电气类典型应用场景

当前，特高压电气设备智慧安装已基本形成标准化模式，通过全过程在线监控与自动化控制，安装环境实时监测、螺栓智能数显手动定扭扳手精准施力，构建数智化新模式，可以实现设备安装过程可控可溯，能够显著提升安装精度与效率。

6.1　油浸设备

6.1.1　概述

特高压油浸主设备安装主要的工艺流程为滤油、内检、附件安装、抽真空、真空注油和热油循环，流程见图 6.1-1。

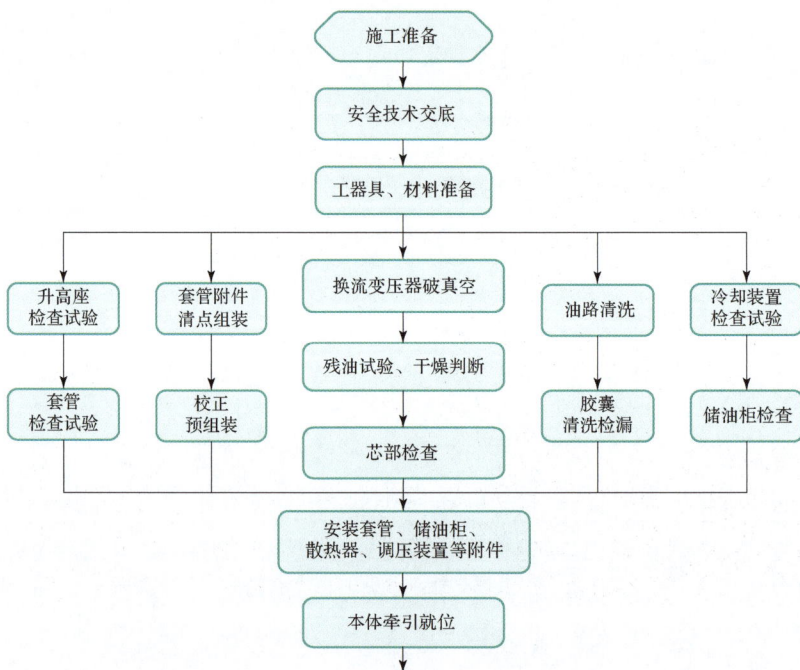

```
          ┌──────────────┐
          │   施工准备    │
          └──────┬───────┘
          ┌──────┴───────┐
          │  安全技术交底  │
          └──────┬───────┘
          ┌──────┴───────┐
          │ 工器具、材料准备 │
          └──────┬───────┘
   ┌────────┬────────┬────────┬────────┬────────┐
┌──┴──┐ ┌──┴──┐ ┌──┴──┐        ┌──┴──┐ ┌──┴──┐
│升高座 │ │套管附件│ │换流变压器│      │油路清洗│ │冷却装置│
│检查试验│ │清点组装│ │破真空  │       │     │ │检查试验│
└──┬──┘ └──┬──┘ └──┬──┘        └──┬──┘ └──┬──┘
┌──┴──┐ ┌──┴──┐ ┌──┴──┐        ┌──┴──┐ ┌──┴──┐
│套管  │ │校正  │ │残油试验、│      │胶囊  │ │储油柜 │
│检查试验│ │预组装│ │干燥判断 │       │清洗检漏│ │检查  │
└─────┘ └─────┘ └──┬──┘        └─────┘ └─────┘
               ┌──┴──┐
               │芯部检查│
               └──┬──┘
   └────────┴────────┼────────┴────────┴────────┘
          ┌──────────┴─────────┐
          │安装套管、储油柜、      │
          │散热器、调压装置等附件  │
          └──────────┬─────────┘
          ┌──────────┴─────────┐
          │    本体牵引就位       │
          └──────────┬─────────┘
               （接下页）
```

（接上页）

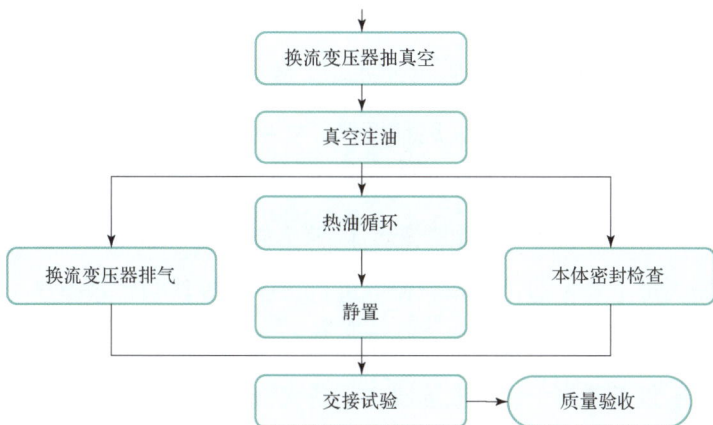

图 6.1–1　特高压油浸主设备安装流程图

　　传统的油浸主设备安装模式自动化、智能化、信息化程度偏低，过多依靠人力的安装模式长期未有革新。比如绝缘油过滤，需要工人 24h 守着滤油机频繁倒罐、改管路，绝缘油过滤是否合格需要依靠经验判断，再由人工取油样检测。整个主设备安装过程中的工艺数据指标都需要手工记录，这种传统的模式，客观存在着安装过程工艺指标控制手段匮乏、过程参数无法准确记录和追溯等问题。油浸主设备的安装模式已不符合目前特高压工程高质量建设的需要，亟须通过新的技术手段进行革新。

　　为解决上述存在的突出问题，研究提出一种油浸主设备智慧安装技术，见图 6.1–2，实现安装过程质量关键数据的全过程在线监控、滤油注油全密封自动化控制、

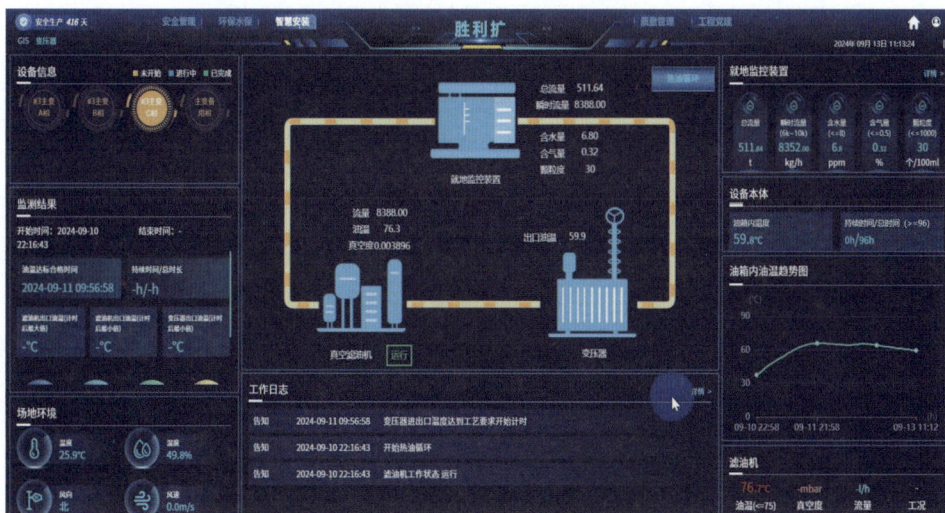

图 6.1–2　油浸主设备智慧安装管控系统

大功率设备状态集中监测，打造数智化安装新模式。安装监控所需硬件主要包括监控装置、传感器及接口工装等。

硬件组成方面，智慧安装的核心组部件——就地监控装置见图6.1-3。该装置为柜体结构形式，内部集成了含气量仪、颗粒度仪、质量流量计等绝缘油指标传感器，装置两侧配置了进、出油口，通过将其串接到油路中，实现绝缘油关键指标监测。在此基础上，就地监控装置内部安装了PLC控制器，内部集成了基于油浸主设备安装工艺标准的监控程序，现场人员主要是通过操作触摸屏进行工序的确认和转序操作。除了监控装置以外，整个系统还包括外部的传感器，如露点仪、含气量仪、压力传感器等。这些传感器多安装在油浸主设备器身上，获取油浸主设备内部的工艺参数，并采集至就地监控装置中。

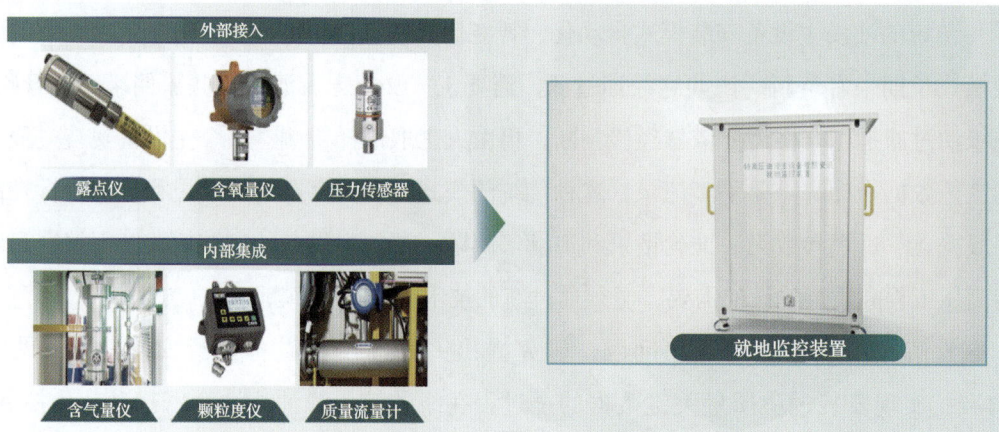

图6.1-3　特高压油浸主设备就地监控装置示意图

系统整体采用"就地监控、远程监测"策略，就地监控装置部署在作业现场，通过有线传输的方式获取感知层数据，通过无线传输方式将数据经边缘代理装置发送至后台，后台仅做数据显示存储。感知层数据包括滤油机、干燥空气发生器、真空机组这些施工装备，系统可以通过通信协议，直接获取其运行过程当中的状态数据来进行一个集中监测，同时还具备直接控制滤油机、真空机组启停的能力。

以主变压器安装为例，智慧安装架构现场细分为两个作业区：一是滤油区，主要涉及真空滤油机及油罐群，为了实现滤油区的作业监控，需单独配置1台就地监控装置；二是变压器（电抗器）安装作业区，针对安装过程中的内检及露空附件安装、抽真空、真空注油、热油循环监控，涉及滤油机、干燥空气发生器、真空机组等机具。该区域需配置 1 台额外的就地监控装置。

功能应用方面，油浸主设备智慧安装按照工序分为滤油、内检、抽真空、真空注油、热油循环五大场景。

6.1.2 滤油

绝缘油过滤功能为选用，如应用该功能，现场需搭建全密封滤油系统，见图6.1-4。该系统主要包括就地监控装置、储油罐、气动阀门、输油管路，无须人工倒罐、倒管、阀门开闭等操作，可实现一键式自动滤油、注油，准确判断绝缘油过滤进程，大大缩短绝缘油过滤时间。为了实现这些功能，需要对部分硬件逐步进行适应性地改造。

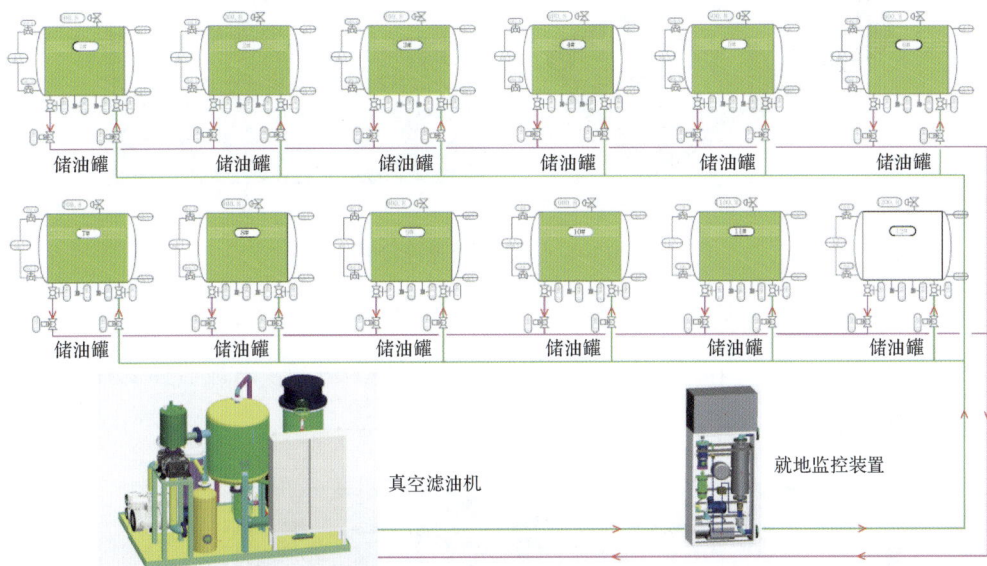

图 6.1-4 全密封滤油系统示意图

以南昌变电站为例，全密封滤油系统一共配置了 12 台油罐，见图 6.1-5，每台油罐的容积是 15t，总容积是 180t，油罐为常见的卧式常压罐，总容积大于油浸主设备总油量的 120%。油罐的下部设置进出油口各一个，每个进出油口均安装一个手动球阀，供检修使用。

全密封滤油系统进出油主管道采用不锈钢 304 硬管连接，分支管道用于连接不锈钢主管道与滤油机、油罐，采用钢丝增强软管，见图 6.1-6。

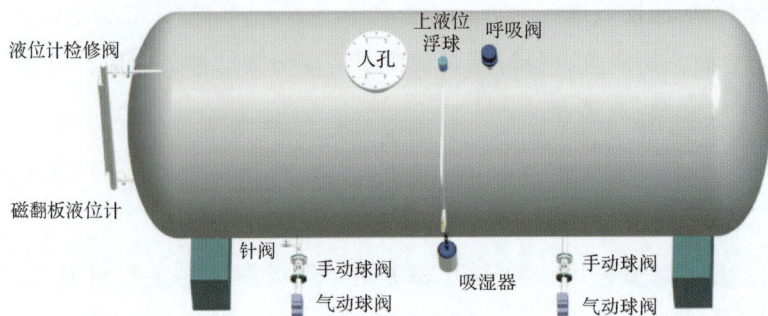

图 6.1-5   油罐示意图

(a)   (b)

图 6.1-6   进出油管道连接图

（a）示意图；（b）现场图

每台油罐进、出油口分别安装一台气动阀门，见图 6.1-7，就地监控装置可获取阀门当前状态，远程控制阀门开闭。

图 6.1-7   远程控制阀门示意图

自动滤油流程见图 6.1-8，绝缘油过滤采用倒罐过滤方式，即选取一个充油油罐和空油罐进行循环过滤。自动过滤由就地监控装置控制，开启相应油罐阀门及滤油机进行滤油作业，在单罐绝缘油过滤完成后判定过滤期间指标是否始终符合要求，如不符合将进行反向重复过滤，如符合则将该罐油标记为合格并对下一罐绝缘油进行过滤，直至完成全部滤油。

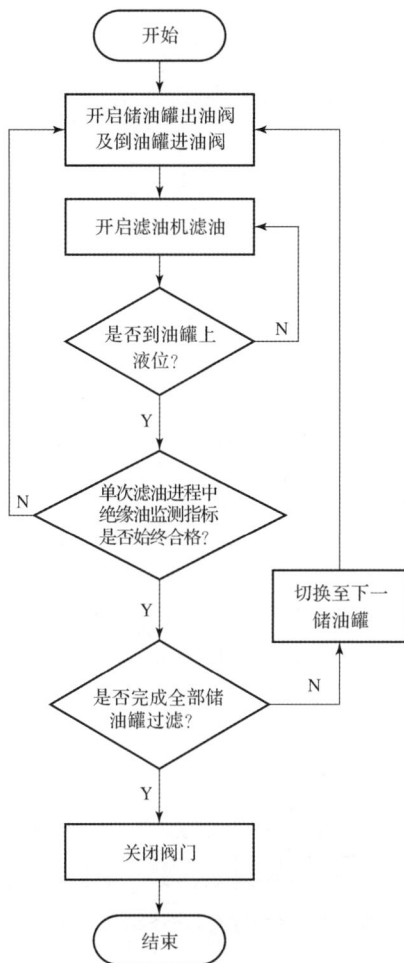

图 6.1-8　自动滤油流程图

在完成全密封滤油系统的搭建，检查电源管道连接阀门状态正常无误后，启动就地监控装置，画面中为就地监控装置触摸屏引导画面，点击油处理按钮进入操作界面，见图 6.1-9。

在图 6.1-10 所示界面中，可以看到每个油罐的液位信息、阀门状态、含气量、颗粒度、含水量等一些数据，界面下方有自动卸油、手动卸油，自动滤油、手动滤油四个功能选项。

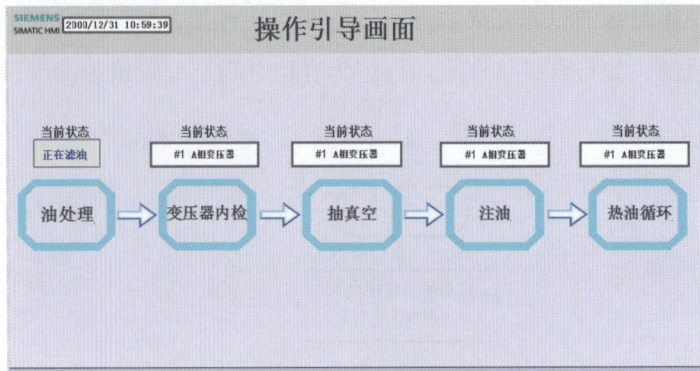

图 6.1-9　全密封滤油系统操作导引画面

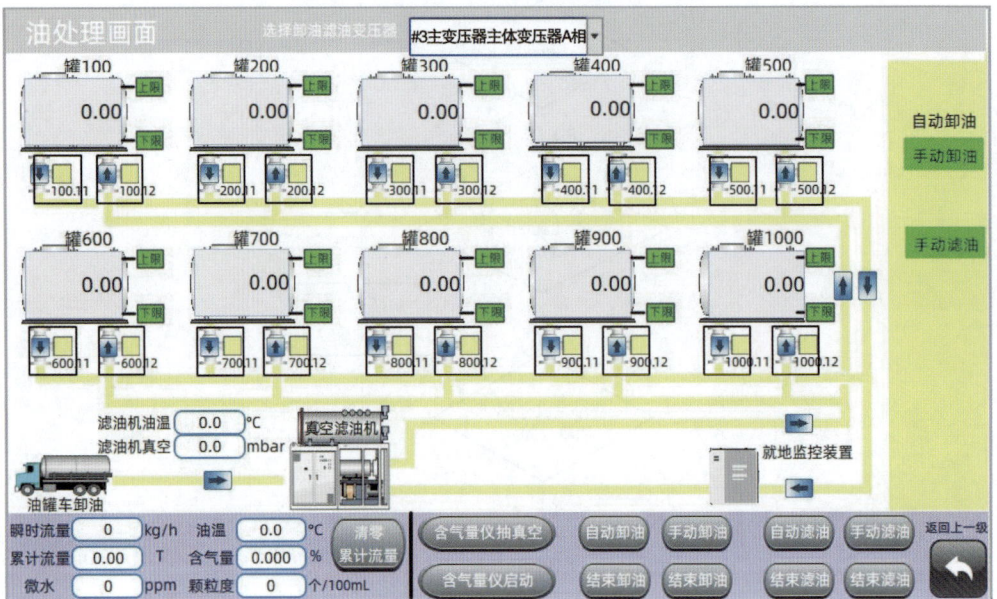

图 6.1-10　全密封滤油系统油处理画面

系统会对不同状态的绝缘油进行区别标记，见图 6.1-11，新油注入油罐后颜色呈黄色，监控装置会根据新油油罐编号由小至大逐罐进行滤油。单次过滤期间三项

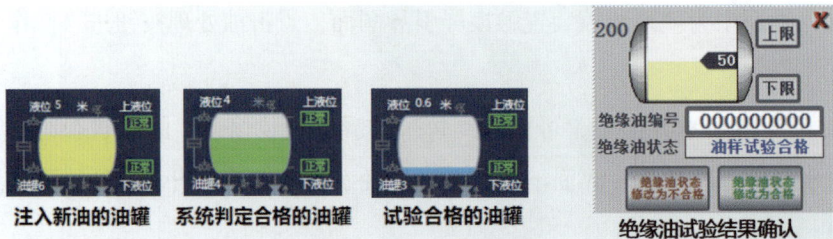

图 6.1-11　绝缘油不同状态

指标记录值始终满足标准要求则判定为初步合格，油罐自动变为绿色，表示具备取样试验条件。得到取样试验合格结果后，须人工监测装置上点击对应油罐，确认试验结果合格，油罐颜色变为蓝色，代表具备注入设备的条件。

绝缘油过滤工序监测数据见表 6.1-1，包括绝缘油的总流量、瞬时流量、油中含气量、油中含水量、油中颗粒度、气动阀门开闭状态、油罐液位高度及其上下液位极限的信息、真空滤油机真空度等。

表 6.1-1　　　　　　　　　　　　绝缘油过滤工序监测数据

过程	监控参数	监控位置	预设值	备注
卸油滤油	总流量（kg）	滤油系统	—	
	瞬时流量（kg/h）	滤油系统	—	
	油中含水量（μL/L）	滤油系统	≤ 5	
	油中含气量（%）	滤油系统	0.1	
	油中颗粒度（NAS 1638）	滤油系统	≤ 1000 个 /100mL	
	气动阀门开闭状态	滤油系统		24 个气动阀门
	油罐液位高度（mm）	储油罐	—	12 个油罐
	油罐上下液位极限信息	储油罐	—	12 个油罐
	真空滤油机真空度（mbar）	滤油机	—	
	真空滤油机油温（℃）	滤油机	过滤时 55 ± 5	
	真空滤油机流量（1/h）	滤油机	≤ 1200	

注　1bar=10^5Pa。

滤油区建设施工单位与厂家涉及分工界面较多。电气安装单位负责全密封滤油系统现场搭建，包括油罐改造、全密封输油管路制作连接、电缆桥架制作安装，配合油设备厂家开展滤油机改造调试。设备厂家需向施工单位提供油罐改造技术要求及滤油区布置方案，以及气动 / 电动阀门、电子液位计、浮球开关、管路、线缆等硬件配置清单，明确规格型号；负责提供就地监控装置，负责全自动滤油系统接线、调试、应用培训。

6.1.3　内检

虽然油浸主设备产品技术文件及相关标准中对主变压器露空作业期间周边环境、内部含氧量等指标作出了明确要求，但是安装过程中缺少实时监测手段。

　　系统通过配置专用工装及传感器见图 6.1–12，实现作业期间相关数据的持续监测。在油浸主设备一个闲置法兰处安装工装，工装另一侧可以根据需要接入真空机组、干燥空气发生器等设备管路中，也可以只进行密封处理，工装侧面置管的安装露点仪、含氧量仪、真空计等一些传感器。

图 6.1–12　专用工装及传感器

　　操作流程：安装工装及传感器，将干燥空气发生器、真空机组与就地监控装置连接。

　　第一步，在主变压器抽真空排氮前，需人工选择开始作业的变压器，点击开始内检，就地监控装置开始采集相关传感器数据，见图 6.1–13，并同步上传至监控后台。

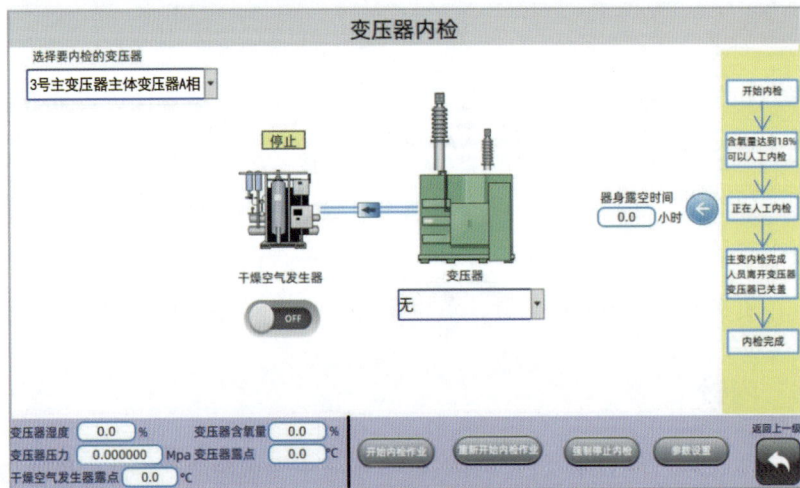

图 6.1–13　就地监控画面（内检）

第二步，系统在检测到含氧量达到要求后会弹出开始人工内检按钮，操作人员应在开盖同时点击开始内检按钮，系统开始设备露空计时并监测含氧量、内部湿度、压力等参数。

第三步，当作业完成主变压器关盖后，需人工点击变压器已关盖按钮，露空计时结束。如现场出现特殊情况，内检作业中止，可点击重新开始内检作业，返回第一步。如当天露空作业未完成，需根据厂家技术要求充气存放，系统在存放期间可持续监测内部湿度、压力等情况。

6.1.4　抽真空

抽真空前，必须先完成下列工作：测量铁芯、夹件的绝缘情况；将在全真空下没有必要或不能长时间承受机械强度的附件与油箱隔离，有载开关油箱与本体保持连通，气体继电器若不能与本体一起进行抽真空，抽真空时需用预装模工装来代替连接。抽真空前应打开储油柜顶端胶囊与柜体间的真空蝶阀，使储油柜承受真空时胶囊与柜体压力相同。不同厂家的设备要求存在一定差异，具体要求应以厂家技术文件为准。

该阶段主要实现抽真空作业真空度全过程监测，见图 6.1-14，系统可自动计算泄漏率，判断抽真空工艺是否满足要求。

操作准备工作：安装工装及湿度计、真空计，将真空机组与就地监控装置连接。

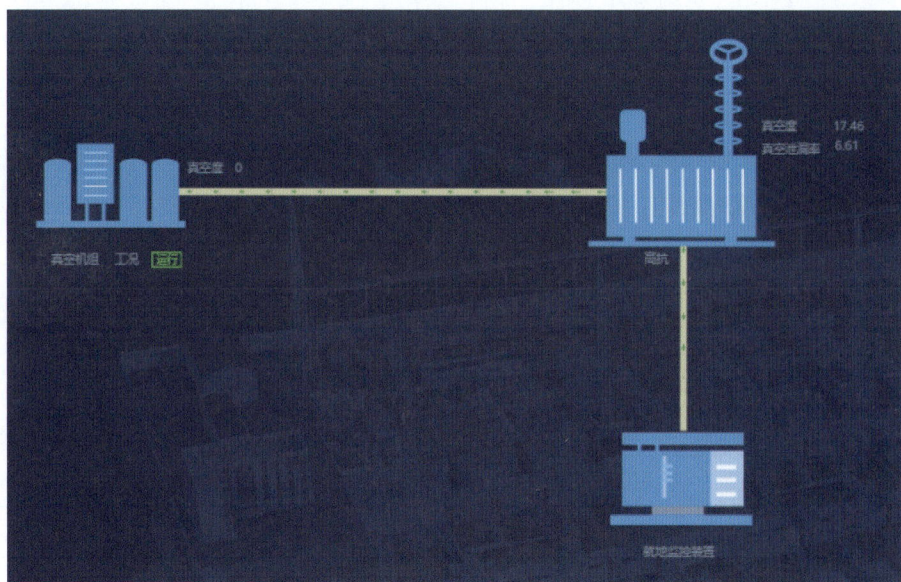

图 6.1-14　抽真空监测示意图

第一步，人工选择即将开始作业的变压器，点击开始抽真空按钮，开启真空机组，其间持续监测真空度，就地监控装置开始记录相关数据并上传至监控后台（见图6.1-15）。如规定时间内未达到要求真空度（100Pa），系统报警。

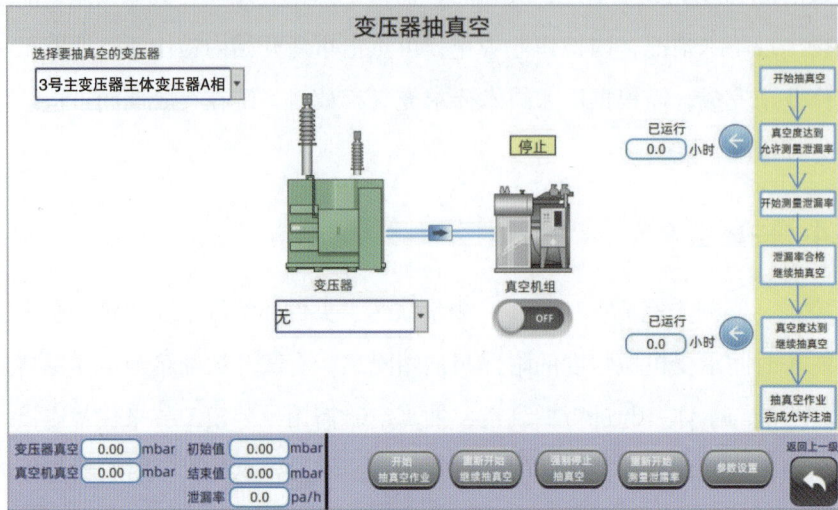

图6.1-15　就地监控画面（抽真空）

第二步，当设备真空度达到100Pa后，程序将弹出开始泄漏率测量按钮，需关闭真空机组，点击确认开始泄漏率测量按钮，系统开始启动泄漏率测量程序，如不合格则报警，需人工排查问题并重新开始。

第三步，当泄漏率检测合格后，将弹出确认继续抽真空按钮，点击按钮的同时人工开启真空机组继续抽真空，当达到产品说明书要求的30Pa后自动开始抽真空计时，到达规定时间48h后系统会提醒现场抽真空完成具备注油条件，人工确认后停止监测数据上传。

注：以上真空度等数值，仅为参考值，根据厂家要求作出调整。

表6.1-2所示为抽真空阶段监控参数，包括湿度、真空度、压力、真空泄漏率。

表6.1-2　　　　　　　　　　　抽真空阶段监控参数

场景	监控参数	监控位置	预设值	备注
抽真空	湿度（%）	变压器油箱内	—	具体依据工艺文件值
	真空度（Pa）	变压器油箱内	100；≤30	具体依据工艺文件值
	压力（Pa）	变压器油箱内	—	
	真空泄漏率	变压器油箱内	1h内上升不超过30Pa	系统自动计算、判定得出结果

图 6.1-16 所示为在监控界面后台，可以看到抽真空阶段真空度的变化的整个曲线。

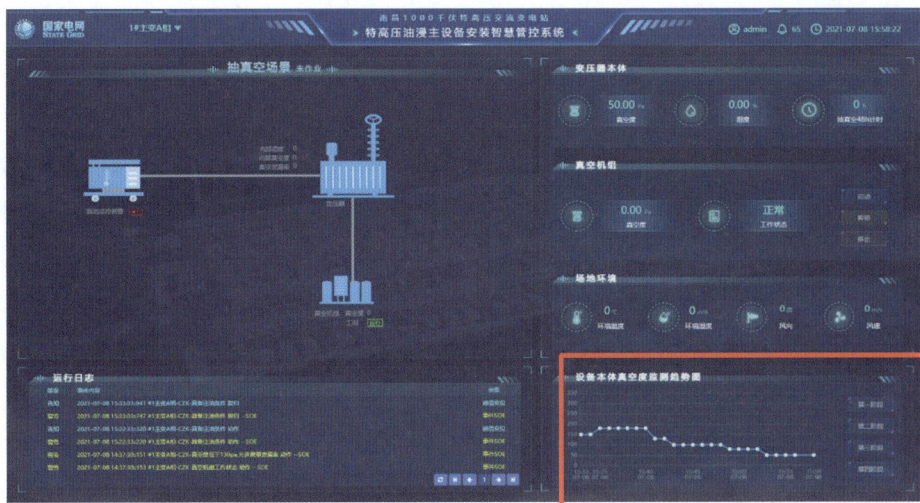

图 6.1-16 抽真空阶段的真空度的变化曲线

6.1.5 真空注油

真空注油场景包括全密封滤油系统、滤油机（主变压器作业区）、真空机组、就地监控装置，具备自动注油、手动注油两种功能，实现真空注油作业的全过程监控。作业期间就地监控装置实时采集相关数据并上传监控后台，见图 6.1-17。

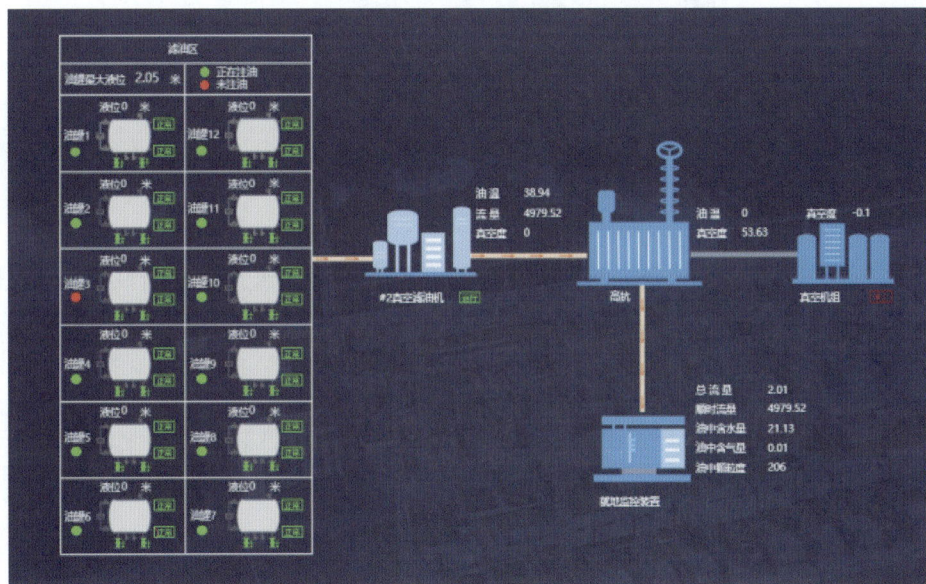

图 6.1-17 真空注油监测示意图

操作作业准备：将滤油区主出油主管路与油设备作业区滤油机、就地监控装置、油浸主设备连接。在油浸主设备进油口安装温度传感器。选择要注油的变压器，点击自动注油，弹出窗口选择要注油的蓝色油罐（试验合格），并点击开始注油。

自动注油后，系统会持续监测主变压器真空度，当判断真空度不大于 30Pa 后，启动滤油机，开启出油阀开始逐罐注油，系统会根据油罐液位信息自动切换油罐，当变压器油位达到要求或遇到特殊情况时，可关闭滤油机，点击结束注油终止作业。如需要补油，可以选择手动注油这个功能，点击一个蓝色油罐，开启它的出油阀，点动滤油机进行补油。

通过图 6.1–18 所示后台的监控界面可以看到每个油罐的液位，包括总流量、瞬时流量含水量、含气量、颗粒度、设备本体的真空度等数据。

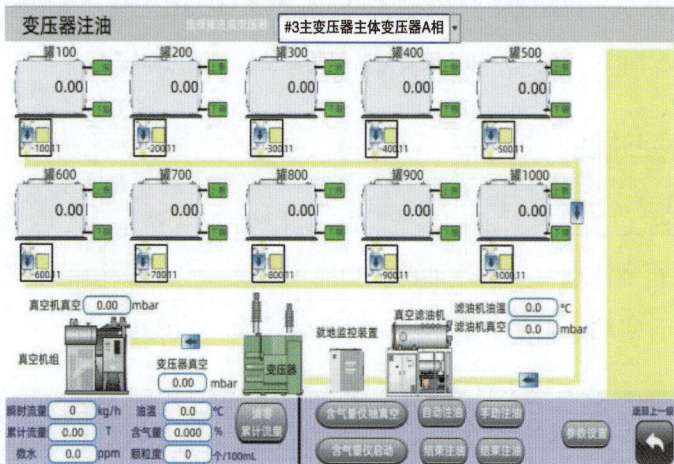

图 6.1–18　就地监控界面（真空注油）

6.1.6　热油循环

该场景通过在油浸设备出油口侧安装温度传感器，在主变压器进油口及滤油机间串接就地监控装置，实现热油循环期间油温、油速、油量及油指标的全过程监测，就地监控装置实时采集相关数据并上传监控后台，见图 6.1–19。

操作流程：点击开始热油循环按钮，启动滤油机开始热油循环作业，当滤油机出口油温及油浸设备出口油温均达到工艺要求时系统自动开始计时。当计时完成且油量大于总油量 3 倍后系统判断热油循环完成，连通散热器继续热油循环 5h 后点击结束按钮，点击确认结束热油循环按钮。

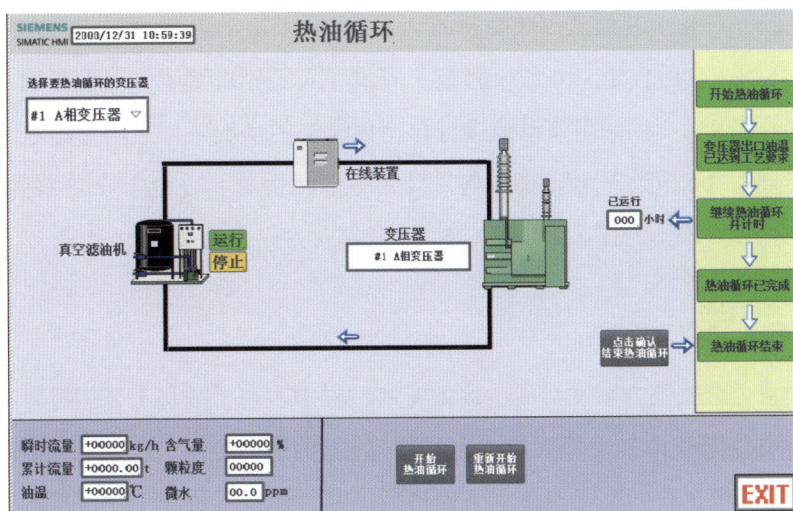

图 6.1-19 就地监控界面（热油循环）

控制保护功能（热油循环）见图 6.1-20。监控装置可根据产品技术文件要求设定各工序数据监测范围，如部分数据指标超出设定范围，监控后台会实时显示告警信息，考虑现场施工工况的复杂性，系统不做直接干预，相关人员根据报警信息结合现场的具体情况进行处理。

场景	告警事件	告警等级	信号类型
抽真空场景	泄漏率检测不合格，需要人工检漏	红色	遥信变位
	抽真空期间，真空度超过30Pa	红色	遥信变位
真空注油场景	滤油机油温过高	红色	遥信变位
	滤油机油温过低	红色	遥信变位
	真空滤油机流量>60L/min	红色	遥信变位
	管路油中含水量>8mg/L	红色	遥信变位
	管路油中含气量>0.8%	红色	遥信变位
	油中颗粒度>1000个/100mL	红色	遥信变位
	变压器内压力过高	红色	遥信变位
	变压器内油温过高	红色	遥信变位
热油循环场景	滤油机油温过高	红色	遥信变位
	滤油机油温过低	红色	遥信变位
	真空滤油机流量>120L/min	红色	遥信变位
	管路瞬时流量≤50L/min	红色	遥信变位
	管路油中含水量>8mg/L	红色	遥信变位
	管路油中含气量>0.8%	红色	遥信变位
	油中颗粒度>1000个/100mL	红色	遥信变位
	变压器内压力过高	红色	遥信变位
	变压器内油温过高	红色	遥信变位

图 6.1-20 控制保护功能（热油循环）

6.1.7 应用实践

油浸设备智慧安装方案首次在特高压长泰变电站设备安装中进行了应用，顺利完成了油浸主设备安装全过程监控功能验证。经工程测试，在传统模式下平均每罐绝缘油（15t）需循环约 3 次后合格，外加夜间施工降效、人工停机倒罐等因素影响，完成 150t 绝缘油过滤约需 92h；在采用该系统进行自动化滤油的情况下，平均每罐绝缘油循环过滤 2.4 次后合格，因不受夜间降效影响，且无须停机倒罐，完成 150t 绝缘油过滤约需 60h，较传统模式缩短滤油作业时间约 35%，节省人力投入约 80%。

6.1.8　小结

油浸设备智慧安装方案在油浸主设备安装过程中实现了关键工艺指标自动采集、远程监控和历史数据查询，管理人员可以减少现场旁站、巡视、工艺指标监测和记录时间，极大地提高了工作效率，减少了人力投入。同时该系统各项工序执行情况的自动判定机制能够进一步保障安装工艺要求的刚性执行，消除了数据记录不准确、工艺要求指标不到位、过程把关不严等问题，有效提升油浸主设备安装质量。

该系统将在特高压交直流工程全面推广应用，通过广泛工程应用实现各个维度数据积累，为油浸主设备作业工序、工艺指标的优化升级提供有力支撑；绝缘油指标在线监测的实现，有望替代传统绝缘油人工取样送检的模式，在试验成本和人工投入方面得到进一步优化。

6.2　气体绝缘开关设备

6.2.1　概述

特高压气体绝缘开关设备主要包括 GIS、罐式断路器设备，采用 SF_6 作为绝缘介质，其绝缘可靠性对异物极为敏感。据统计，异物放电问题长期高居影响 GIS 安全运行的首要因素。因此需采取工厂化、智慧化安装措施，由厂家主导安装，现场安装环境、工艺质量要求接近于厂内装配，确保现场安装质量。

开关设备现场安装流程分为到场验收、现场储存、安装准备、设备安装、主回路电阻测量、气务作业、交接试验等阶段。目前在 SF_6 现场管理、防尘措施等方面按照工厂化安装标准要求。在开关设备全过程跟踪管控、安装环境监测、安装视频监控、对接面螺栓力矩监测，抽真空、充气，SF_6 气体微水纯度监测等环节实现智慧安装管控。

6.2.2　环境监测

6.2.2.1　GIS 场地应具备安装条件

（1）土建应完工并验收合格，设备基础、预埋件、电缆沟槽施工完成，土建与电气设备安装不应交叉作业。

（2）GIS 室门及通道尺寸应满足设备运输需求。

（3）GIS 室门窗、孔洞应封堵完成且密封良好，并对内、外部墙板、屋顶进行一次保洁，无浮尘附着。

（4）GIS 室顶部换气扇等通风系统安装完成并验收合格。

（5）GIS 安装区域接地网施工完成。

（6）基础通过验收，根据设计图纸及 GIS 制造厂图纸，核对并查验地基预埋铁或钢架的位置、电缆沟（坑）及接地点（线）的位置是否与地基的设计图一致。

（7）土建施工单位将 GIS 基础的纵、横向的中轴线标出来，供设备定位参考。

（8）户内照明、行车等设置施工完成，电源已接入，行吊应由土建单位经过试验检验合格并由当地安全技术监督部门出具行吊准用证报告，方可投入使用。

（9）对混凝土进行回填，确认基础强度应合格。

（10）GIS 室内地面应全部硬化，灰尘杂物应清理完成。

（11）GIS 室人员日常工作进出通道应设置单向双门风淋室，风淋室外部设置更衣室或过渡间，人员在更衣室或过渡间更换衣物后通过单向风淋室进入，作业完成通过另外设置的单向出口出 GIS 室。

（12）其余人员安全出口应设置单向门禁，严禁无关人员进入。

6.2.2.2　安装环境管控

目前，户内户外布置的 GIS 现场安装采用移动厂房、各类防尘室、防尘棚。综合采取"六级防尘"措施，严格出入管控和内部环境控制，满足安装环境要求。移动厂房、防尘室、防尘棚内配置高性能空调、新风、净化系统，与环境监测系统联动控制，实现安装环境自动控制。"六级防尘"措施如下。

一级"抑尘"：将作业区四周裸露在外的泥土用防尘绿网进行覆盖，抑制灰尘的飞扬。

二级"降尘"：采用高压喷雾系统（见图 6.2-1）对围挡外侧进行有效除尘。沿围挡上边缘装设一圈智能化喷淋系统，定时启动和关闭，或者结合智慧工地平台，采取空气中含尘颗粒度进行智能化开启。在 GIS 安装区域周围主道路区域限定车辆行驶速度。

图 6.2-1　喷雾降尘设备

（a）示例一；（b）示例二

三级"挡尘"：如图 6.2-2 所示，GIS 安装作业区搭建移动厂房（移动防尘室或者防尘棚），内部地面铺设地板革。

图 6.2-2　移动厂房内部设置

（a）示例一；（b）示例二

四级"除尘"：定时清理移动厂房（防尘室，见图 6.2-3）的外墙与软包、防尘棚软包上的灰尘，防止灰尘混入移动厂房（防尘室）、防尘棚。在所要安装的 GIS、机具等进入移动厂房（防尘室）前，对其进行除尘清理。

五级"绝尘"：如图 6.2-4 所示，在移动厂房（防尘室）出入口设置风淋室和更衣间，任何人不得随意进

图 6.2-3　防尘室结构立体示意图

出移动厂房（防尘室）。作业人员必须穿戴好专用防尘服、防尘帽和防尘鞋，并经过风幕吹扫 2min 后进入移动厂房（防尘室）。

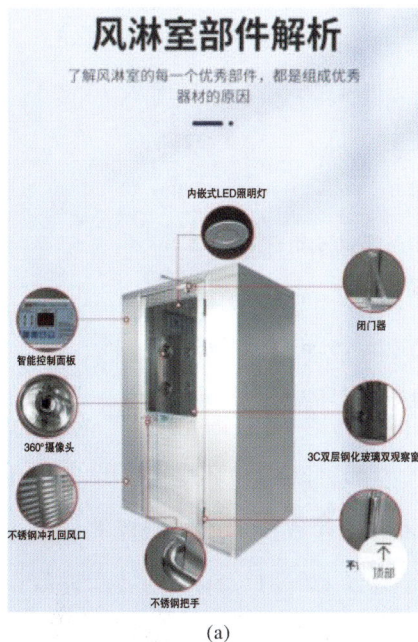

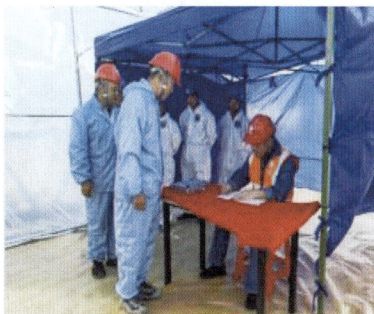

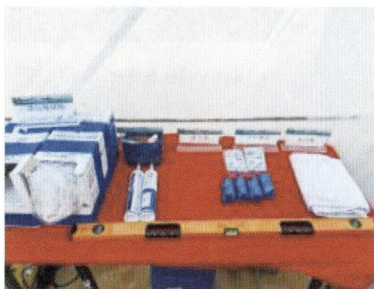

图 6.2-4　"绝尘"环境控制的措施

（a）风淋室结构解析图；（b）防尘管控现场示例一；（c）防尘管控现场示例二

六级"制度防尘"：

（1）作业人员开工时先进更衣间换工作衣、工作鞋等之后，门卫才可放行进入防尘车间进行作业。

（2）每日施工完成后，进行对接安装用的专用防尘服、帽、鞋要放入更衣箱中。专用防尘服由专人隔日清洗更换。

（3）参观人员或非作业人员进入防尘室时，先进入更衣间换参观服及穿戴鞋套后，门卫确认穿戴满足要求后方能放行进入防尘室中。

（4）建立现场防尘工作检查制度，每天开工前由专人进行粉尘记录及防尘措施检查。同时在厂房内设置带具备远传功能并能自动预警的室内洁净度监测、环境监控系统，若发出环境监测报警，必须停工消除环境影响后继续施工。

6.2.2.3　安装环境监测

GIS 安装过程中，最重要的控制安装环境措施是使用移动厂房、防尘室、防尘棚。

除具备调节、控制环境清洁度、温度、湿度等基本功能外，新增加了新风引入系统，保证装配车间内处于微正压状态，有效防止外部污染物进入车间。采取区域大环境、与对接作业面小环境相结合的方式，对温度、湿度、洁净度指标进行实时监测、记录、预警，如图 6.2-5 所示。

图 6.2-5　移动厂房、防尘棚安装环境监测指标

在户内户外 GIS 厂房（防尘室／防尘棚）内部署网络和环境监测设备，环境监测使用尘埃粒子计数器，是一种基于光学原理和微粒计数技术的实时监测设备，通过无线或有线网络实时向目标服务器传送温湿度，以及 0.5、1、5μm 环境指标数据（见图6.2-6），系统设置预警值，当环境数据出现异常，及时报警并采取必要措施，保证现场安装洁净度达百万级。环境监测设备采用标准 MODBUS 协议，可通过现场局域网或4G 网关与智慧安装平台进行数据集成。

图 6.2-6　安装环境自动监测指标

环境监测设备具有对环境分析、甄别功能，根据实时测量的装配车间内部各项指标情况进行自动化调节，保证装配车间内的环境处于合格要求状态。厂房内设置两点固定式洁净度检测探头及一点移动式洁净度检测探头，布置了三个固定式和一个移动式前端

网络摄像头（见图 6.2-7）。工业空调机组、检测探头、摄像头均具有自动检测功能，并将所有发生数据上传至信息管理平台，供后台实时监测。

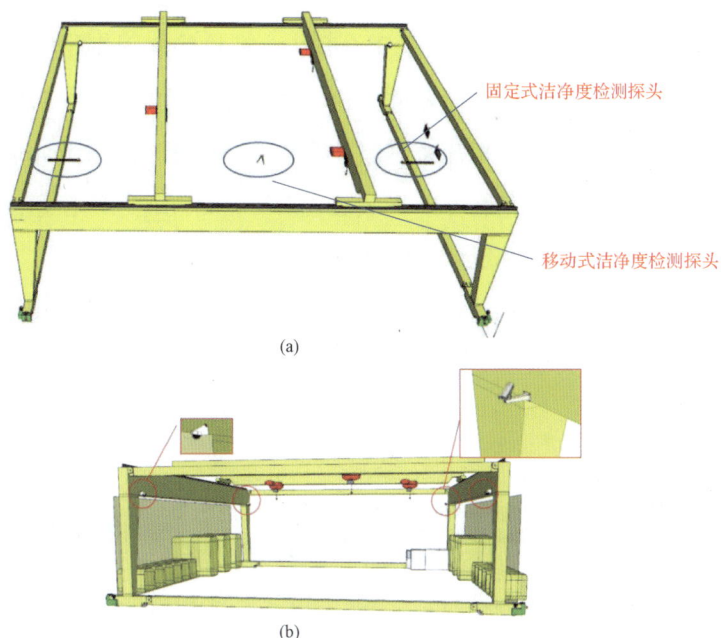

固定式洁净度检测探头

移动式洁净度检测探头

(a)

(b)

图 6.2-7　洁净度探头、摄像头布置

（a）洁净度检测探头布置；（b）网络摄像头布置

（1）环境实时监控系统：将测量的数据实时上传至信息管理平台，供后台人员进行数据查看、监测。

（2）安装过程视频监控系统：可实现远端对 GIS 安装过程的实时查看，并具有将整个安装过程记录及储存的功能。

（3）移动装配车间运动位置信息，根据位置信息反映出 GIS 安装进度。

6.2.3　螺栓力矩

6.2.3.1　概述

在内部安装完成、对接法兰面封闭处理中，按照工艺要求要采用对角紧固的方式，将对接面螺栓依次紧固到规定力矩值，并画线标记。GIS 法兰面螺栓数量多，螺栓规格、力矩要求各异，如螺栓紧固力矩偏低，会导致密封气密性不良气体泄漏；螺栓力矩偏高，有可能损伤密封圈或法兰面，同样影响密封效果；同一法兰面螺栓力矩偏差过大，也会导致密封效果。此外，因安装运行振动、受力、外部环境变化等因素，还会导致螺栓力矩发生变化。在以往工程经验中，存在因螺栓力矩管控不严，导致气室 SF_6 气体泄漏的情况，影响设备可靠性。

6.2.3.2　系统集成

采用具备数据传输的物联智能扳手于 GIS 法兰螺栓的紧固作业使用。扳手力矩值与 GIS 安装位置对应，实现自动记录紧固力矩值、作业时间等数据并自动上传。此系统主要由智能数显手动定扭扳手、扭矩系统服务器软件、智能装配系统 App 组成，通过与管控平台交互，实现扳手力矩值与 GIS 安装位置对应，自动记录螺栓紧固力矩、作业部位、作业时间等数据并上传，实现自动传输数据，确保数值正确可靠。

图 6.2-8 所示为智能数显手动定扭扳手整体布局，扳手采用模块化设计方案，传感器与控制模块便于维修、升级与更换，扳手及其配件充足。

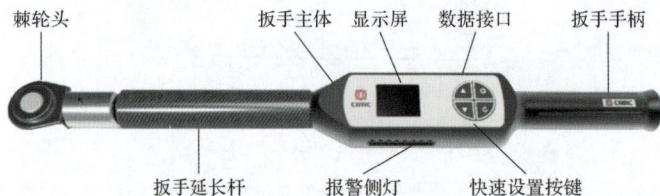

棘轮头　　　扳手主体　显示屏　数据接口　　扳手手柄

扳手延长杆　　报警侧灯　　快速设置按键

图 6.2-8　智能数显手动定扭扳手整体布局

此系统主要由智能数显手动定扭扳手、智能装配系统 App（见图 6.2-9）等组成，与管控平台通过扭矩系统服务器软件进行数据交互。智能装配系统 App 扫描二维码的数据通信，扭矩服务器软件与管控平台通信。其中智能装配系统 App 作为操作执行端，具备工具层、数据层、业务模块等接口，实现上位通信与操作端工具作业指导。

图 6.2-9　智能装配系统示意图

　　螺栓力矩监测方案，在特高压 GIS 中，法兰螺栓的紧固有两种，即一种是形态与形态对接安装过程中产生的；另一种是形态自身内部，更换吸附剂盖板时引发的螺栓紧固。而螺栓的数据关联模式，从两个精度层面进行考虑，首先定位到法兰面，再定位到每一个螺栓。

　　智能数显手动定扭扳手采用传感器技术、模块化的机械结构、低功耗控制板及装配拧紧相关的控制算法等，实现拧紧扭矩精确控制，具有稳定的无线通信、大功率快速充电功能，提供装配系统多种接口需求。智能数显手动定扭扳手通用技术性能见表6.2-1。

表 6.2-1　　　　　　　　　　　　智能数显手动定扭扳手通用技术性能

序号	性能 / 功能	参数	备注	序号	性能 / 功能	参数	备注
1	扭矩精度	±1%（10% ~ 100%）		11	震动	大功率震动马达	
2	角度精度	±1°		12	锂电池型号	18650 锂电池	循环充电500 次
3	分辨率	扭矩：0.01N·m，角度：0.01°		13	续航时间	≥ 8h	手关机充电 2h充满
4	数据存储	5000 条	可拓展	14	充电方式	有线充电	可拆卸充电池通过电池盒充电
5	曲线存储	10 条	可拓展	15	疲劳寿命	大于 10 万次	
6	控制方式	扭矩 / 角度		16	通信距离	大于 30m	
7	规格	50N·m、100N·m、350N·m、500N·m、800N·m	覆盖5 ~ 800N·m	17	传输保护机制	断线重连、断电续传	避免数据丢失
8	显示屏	1.8 寸液晶显示屏		18	参数配置	USB 配置	配套配置系统软件
9	指示灯	三色环状灯	60°视觉效应，操作方便	19	通信协议	国际通用OP 协议	兼容 TLD 智能装配系统
10	声音	蜂鸣器不低于 80dB		20	工艺下发	支持工步序列下发	

6.2.3.3　系统实施

内部安装完成，对接面处理中，采用对角紧固的方式，将对接面螺栓依次紧固到规定力矩值（见图6.2-10），并画线标记。

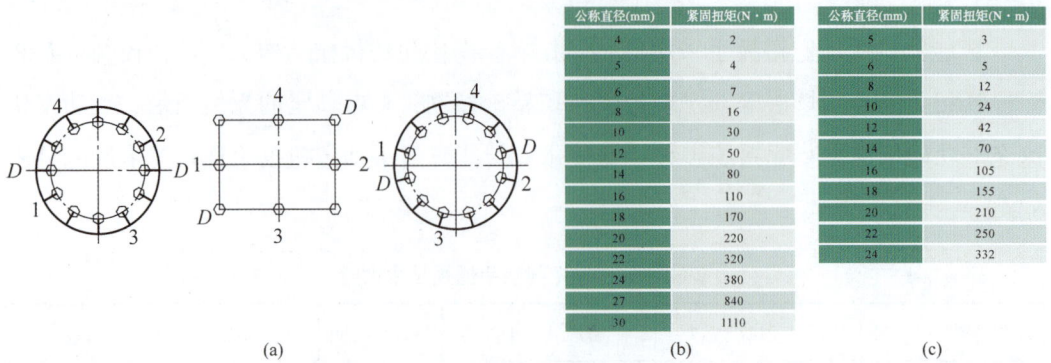

公称直径(mm)	紧固扭矩(N·m)
4	2
5	4
6	7
8	16
10	30
12	50
14	80
16	110
18	170
20	220
22	320
24	380
27	840
30	1110

公称直径(mm)	紧固扭矩(N·m)
5	3
6	5
8	12
10	24
12	42
14	70
16	105
18	155
20	210
22	250
24	332

(a)　　　　　　　　(b)　　　　　　　　(c)

图6.2-10　螺栓紧固顺序和规定力矩值

（a）螺栓拧紧顺序；（b）碳钢紧固件扭矩值；（c）不锈钢紧固件扭矩值

在图6.2-11所示螺栓紧固过程中，应用智能数显手动定扭扳手对螺栓力矩进行智能监测控制。通过扫描安装单元，获取法兰面信息及安装工艺要求，与现场作业形成联动，记录每一个螺栓的力矩值，确保所有法兰面满足紧固要求。

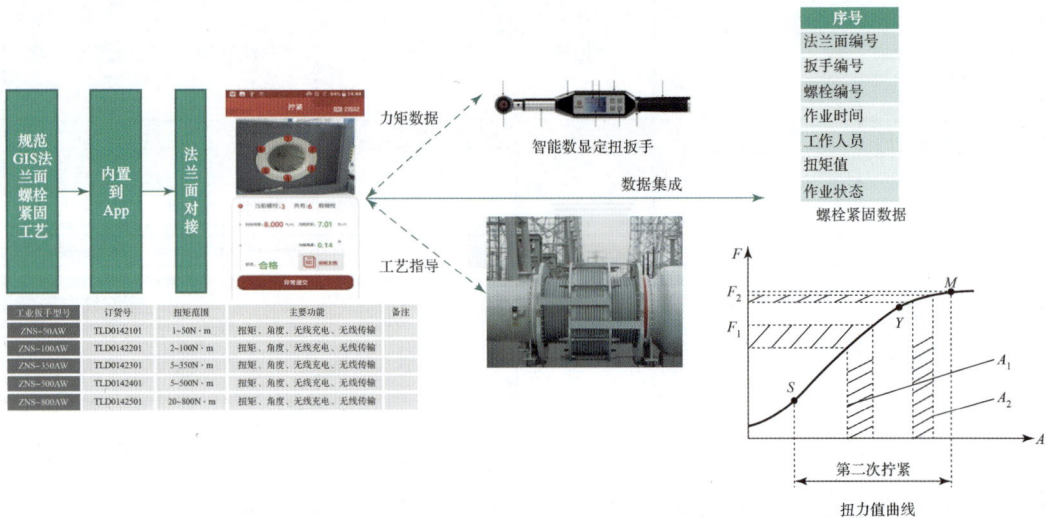

图6.2-11　智能力矩扳手工作原理图

在图6.2-12中，首先通过扫描二维码，读取作业部位单元法兰面螺栓分布图、力矩控制值及紧固顺序，通过智能终端指导作业人员，按照工艺要求的顺序、力矩逐个紧固螺栓，力矩值及曲线逐个跟踪记录。对同一螺栓多次紧固操作的，可完整记录每次紧固的力矩值。为提高作业效率，也可在螺栓紧固中，首先采用普通力矩扳手将螺栓初拧至目标力矩值的 70% ~ 80%，在终拧和复验中采用智能数显手动定扭扳手将螺栓紧固至目标力矩。

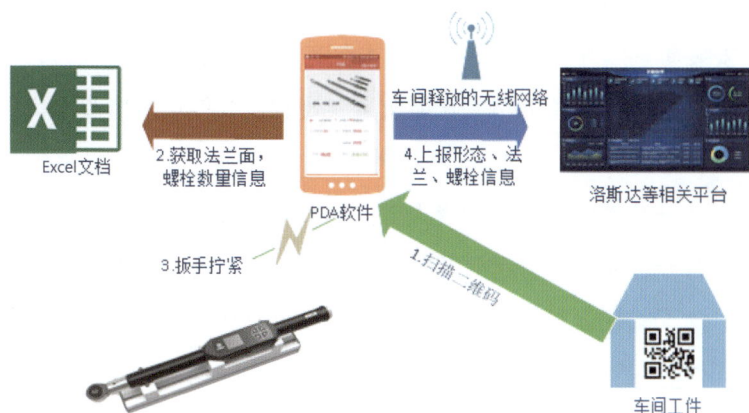

图 6.2–12　智能数显手动定扭扳手工作流程示意图

采用智能数显手动定扭扳手进行螺栓紧固和复验（见图 6.2–13）。在智能终端（见图 6.2–14）及智慧安装系统中均可查阅每颗螺栓的历史紧固记录和紧固力矩，对不满足力矩要求的会进行提示和告警。

图 6.2–13　螺栓紧固和复验

图 6.2–14　智能终端查阅记录

6.2.4　气务处理

6.2.4.1　概述

气体绝缘开关类设备（GIS、HGIS、罐式断路器）气务处理环节包括抽真空、充气、气体检测、气体回收等工序，其施工质量是决定设备安装质量和是否能长期安全稳定运行的关键一环。使用的机具设备包括气室抽真空用的真空泵，气室充注 SF_6 气体用的充气工装（减压阀＋多联瓶）、充气／回收装置、SF_6 气瓶伴热带／加热装置，扩建 GIS 气室 SF_6 气体回收车、回收装置。

气务作业的传统方法是通过抽真空装置对 GIS 抽真空达标后进行真空保持，真空合格后利用钢瓶通过减压器对气室充气。实践中出现过专用装备使用不规范等导致的质量事件，与设备安装质量提升要求存在差距，主要有以下四点：

（1）抽真空、充气、回收的单一功能装置，现场需要使用汽车起重机频繁转场，需要频繁连接管道和连接阀门，造成安全和质量风险。

（2）多联瓶直充装置的充气质量受人工操作影响大，主要是充气速率与减压阀人工打开程度有关，打开过大则易引起气瓶凝霜，打开过小则充气效率低，不能精确定量地控制充气速率。为了减轻气瓶凝霜，需要增加伴热带、加热小车等辅助手段，增加了操作复杂程度。同时，在气室充至一定压力后，充气速率降低、气瓶内气体难以全部充至气室内。

（3）某些单一功能装置的结构和功能较为简单，不满足特高压 GIS 安装现场气务处理的高质量要求，如简易充气装置没有防雨防潮功能；个别工程出现过由于未采用充气装置而将气瓶内金属粉末引入 GIS 气室导致内部放电的质量事故。

（4）气务处理缺乏智能化管控。气务处理对抽真空真空度、停机检漏、充气压力、充气速率等有严格要求，GIS 设备单元气室多，不同类型的气室工艺要求各不相同，SF_6 气体需求量大，有必要对各气室的气务作业进行全过程自动化监测控制，提升智能化安装和工艺全过程监测能力。

6.2.4.2　系统集成

为了实现气务处理工作全流程指标监测和记录、提高气务处理全流程工作效率，研制了集成化的气务处理一体化装置。

6.2.4.2.1　功能（见图 6.2-15）

（1）开关设备快速抽真空作业；

（2）抽真空工序中气室内真空度值监测；

（3）开关设备真空检漏作业；

（4）真空检漏工序中气室内真空度值监测；

（5）开关设备快充充气作业；

（6）充气工序气室内压力值监测；

（7）开关设备微水、纯度指标检测。

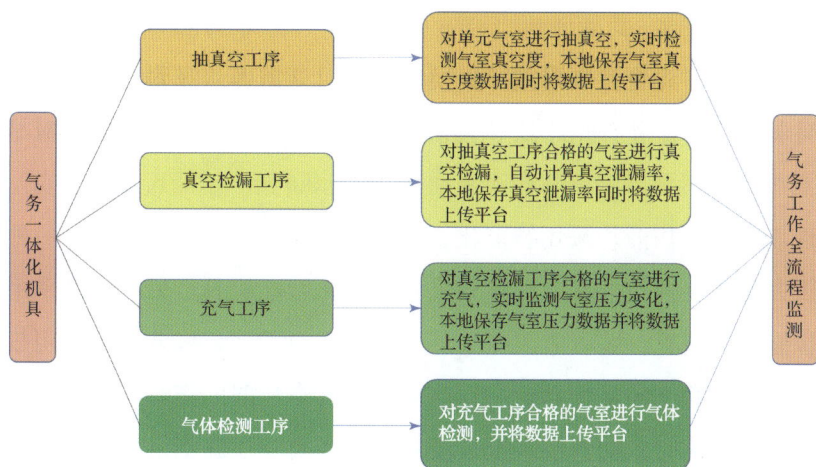

图 6.2-15　气务处理一体化装置功能场景一览图

6.2.4.2.2　总体结构原理

集成化气务处理专用机具（见图 6.2-16）按照"一体化主机 + 分体化模块"的理念进行设计，实现结构集成、自行走、自装卸、集中智能监控等功能，给各前置、外置模块提供管道接口、电源接口、控制接口，预留提纯净化模块等扩展功能的接口。主机尺寸 4850mm×1810mm×2700mm（长 × 宽 × 高），重 7.2t，集成 1 台吊装能力为 1.5t 的水平起重机。充气时，主机配套气瓶翻转充气装置使用。回收时，主机配套外置储气罐使用。主机的结构设计为前置抽真空装置、充气分接头模块、前置回收装置、升降工作平台提供了收纳空间，便于整体装运。

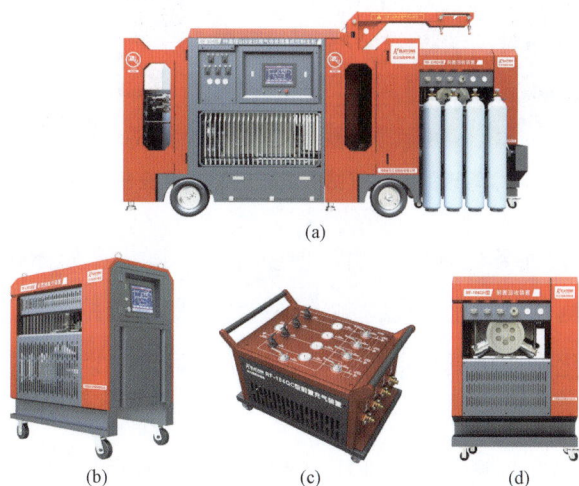

(a)

(b)　　　　　　(c)　　　　　　(d)

图 6.2-16　集成化气务处理专用机具结构示意图

（a）一体化主机；（b）前置抽真空模块；（c）充气分接头模块；（d）前置回收模块

6.2.4.3　系统实施

气务作业阶段，先更换吸附剂。更换吸附剂时，需确认吸附剂的包装未破损、受潮，指示剂未变色，吸附剂拆封 2h 内需装入产品内部。更换吸附剂后，应尽快开展抽真空作业。

目前现场抽真空作业均采用智能化、高性能抽真空设备进行操作：一种技术路线是将真空压力监测装置与抽真空设备集成为一体化智能机具；另一种是采用模块化的真空压力智能监测装置，装置监测探头与气室充气口相连。作业时，使用扫码枪进行扫码对气室进行关联，满足抽真空、真空保持、真空泄漏的实时连续智能化监控，气室达到真空度目标值时，抽真空装置自动停机，当真空泄漏不满足控制指标时可自动告警。

图 6.2-17 所示为集中管理的 SF_6 气站敷设管道至末端充气装置进行充气作业。GIS 充注 SF_6 气体，现场采用集中化管理、高效、智能化移动充气装置或固定气站进行充气作业，主要特征是 SF_6 气体采用联瓶组的方式管理，充气过程中，气瓶翻转，对液态 SF_6 进行高效加热气化。充气操作时，使用扫码枪进行扫码对气室进行关联，采用集成在充气装置上或独立模块化真空压力智能监测装置对充气过程智能监控，自动半压控制，充气速率自动调节，装置端压力与气室压力压差不超过 0.2MPa。

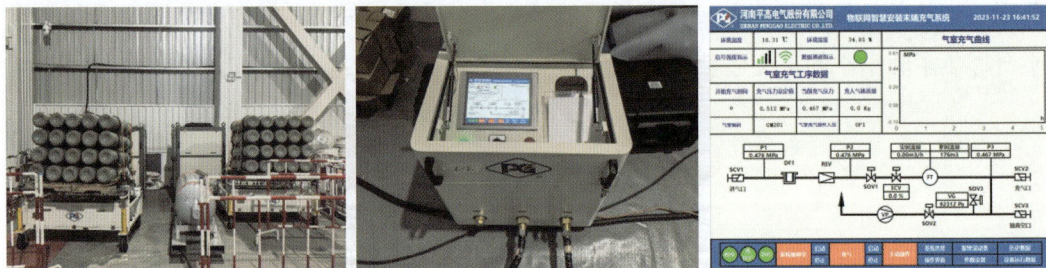

图 6.2-17　集中管理的 SF_6 气站敷设管道至末端充气装置进行充气作业

图 6.2-18 所示为气务处理示意图，现场各类一体化、分体式智能化抽真空充气装置、真空压力检测仪、微水纯度检测仪等，均配置扫码枪，以二维码为媒介，对气务作业过程、智能化作业机具、平台监测数据进行联动、监测、控制，满足智慧安装要求。

图 6.2-19 所示为在现场气务作业中，对抽真空、真空检漏、充注气体全过程数据曲线进行智能监测，记录完整准确，能够有效验证和确保安装工艺执行符合性。

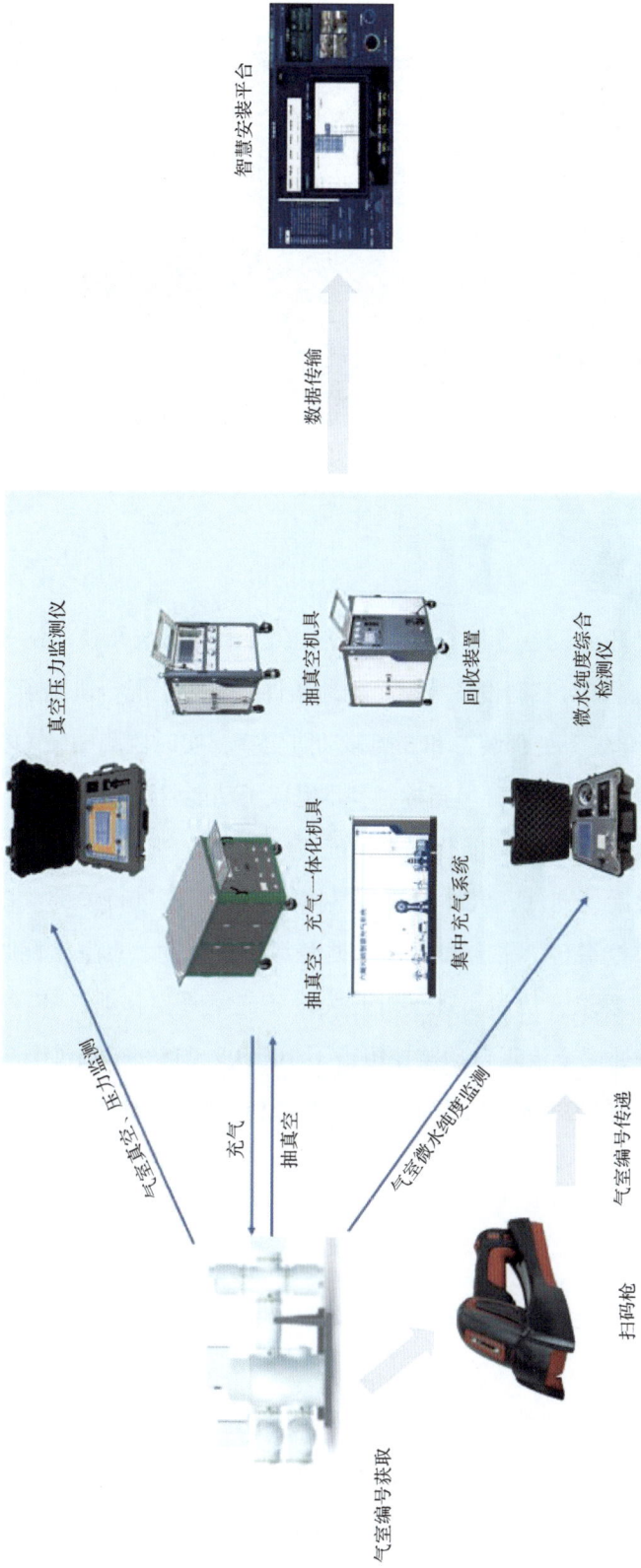

图 6.2-18 气务处理示意图

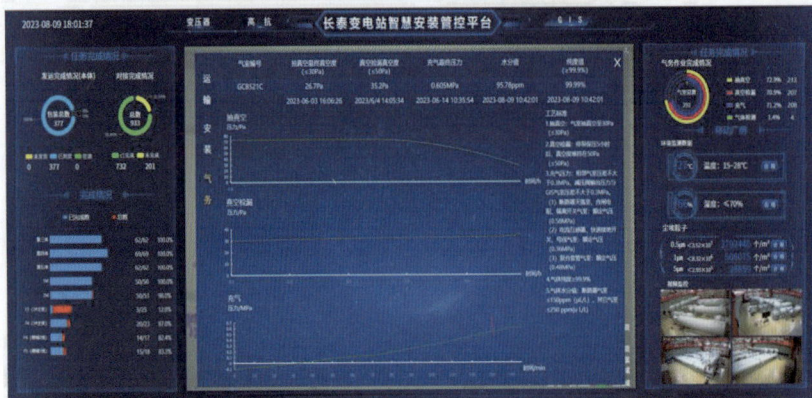

图 6.2–19   智能监测抽真空、真空检漏、充注气体全过程数据曲线

6.2.5   应用实践

特高压气体绝缘开关设备智慧安装方案在长泰变电站和庆阳换流站等工程设备安装中进行了广泛应用，针对不同设备类型、场地条件、安装工况，研制了一体化、模块化、集中式 3 种数字化气务处理装备和 3 类移动防尘室，实时监测 SF_6 气体含水量等 11 项工艺指标、空气洁净度等 3 类环境指标，基本完成了功能验证。

以长泰变电站为例，通过智能化抽真空充气一体机、SF_6 气体检漏仪对开关类设备的抽真空、真空检漏、充气、气体检测、气体检漏等工序进行关键数据采集，并将各工序数据传送到监控平台。平台根据气室类型判断真空度、真空检漏时间、充气压力是否符合安装工艺要求，从而实现了对开关设备气室真空作业、SF_6 气体处理作业实施精准管控。气务处理全流程自动监控覆盖了 1000kV GIS 的 292 个气室作业面。基于三维设备模型开展螺栓紧固力矩监测、气室与气体指标监测等，实现全过程数字化安装。

6.2.6   小结

特高压气体绝缘开关设备智慧安装方案有效解决了开关类设备安装质量管控突出问题。

应用 1000kV GIS 主母线移动厂房和分支母线专用防尘室，安装环境洁净度由百万级提升至 30 万级，超过了部分开关厂厂内安装环境控制要求。安装环境自动监控，实时监测安装现场的温度、湿度、洁净度，及时对不达标数据进行预警，杜绝了安装环境不合格可能导致的质量问题，实现高品质"工厂化"安装。

研发了智能气务一体机、综合测试仪等装置，气务处理全流程自动监控在抽真空、真空检漏、充气、气体检测四大工序中，实时监测气室真空度、气体压力等工艺指标，提升了现场气务处理的质量和效益，显著降低 GIS 放电率。

6.3 阀类设备

6.3.1 概述

在换流站内，实现核心功能交直流转换的场地即为换流阀设备所在的阀厅，阀厅施工进度和施工质量，将直接影响直流输电工程的投产时间及投产后的稳定运行。阀厅环境维护难，换流阀安装对环境要求高且阀厅面积较大，环境维护难度大；层间设备安装难，层间设备安装对吊装精度要求高，操作失误容易导致层间设备碰伤；阀塔每层调平难，需反复校正。

在较为成熟的施工工艺流程（见图 6.3-1）和标准下，亟须健全阀类设备一体化智能调节系统，实现安装指标小变量智能调整，提升阀厅无尘化环境的动态稳定性，进一步提升施工自动化水平。

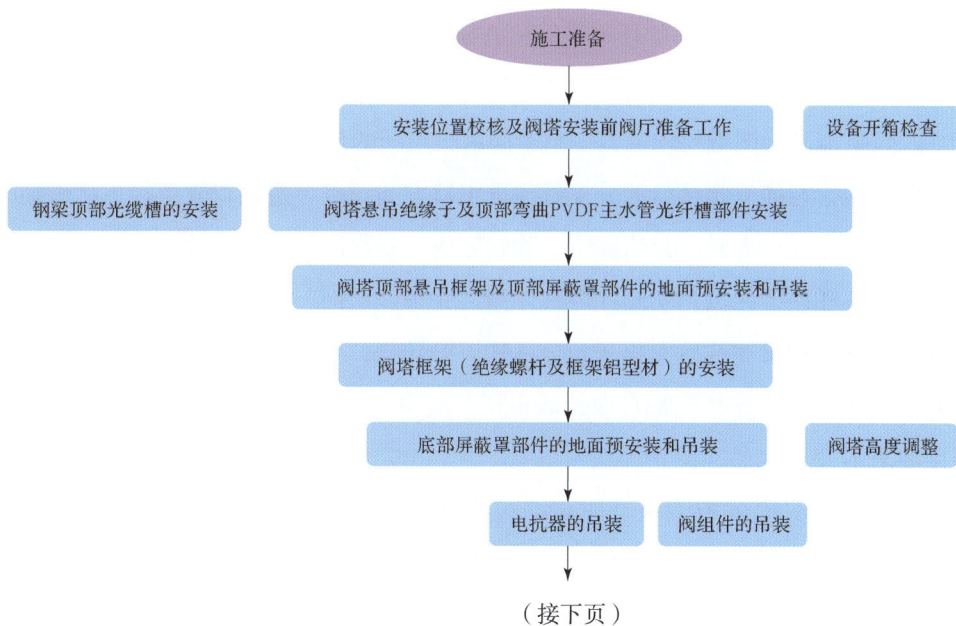

施工准备

安装位置校核及阀塔安装前阀厅准备工作   设备开箱检查

钢梁顶部光缆槽的安装   阀塔悬吊绝缘子及顶部弯曲PVDF主水管光纤槽部件安装

阀塔顶部悬吊框架及顶部屏蔽罩部件的地面预安装和吊装

阀塔框架（绝缘螺杆及框架铝型材）的安装

底部屏蔽罩部件的地面预安装和吊装   阀塔高度调整

电抗器的吊装   阀组件的吊装

（接下页）

（接上页）

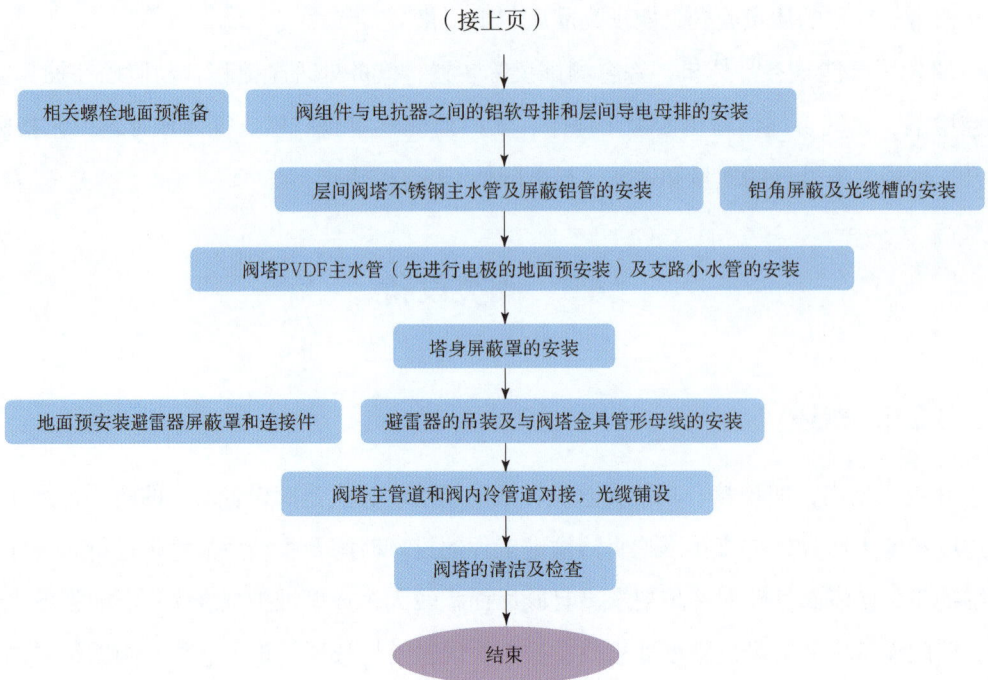

图 6.3-1　换流阀施工工艺流程图

6.3.2　阀厅环境监测

换流阀设备安装前，安装场地应具备下列安装条件，并通过监理组织的土建交电气安装验收，换流阀厂家对阀厅环境进行检查确认后方可安装施工：①所有焊接、喷漆、切割等对环境有影响的工作须完成；②环氧地坪预处理完毕，地面平整；③换流阀各吊点尺寸及位置需满足图纸要求，其中单个阀塔吊点间的位置偏差不能超过 2mm；④水冷管道安装完毕，与换流阀接口的分支管道进出口方向正确，进出口管道接口已做临时封堵，管道打压完成；⑤阀厅封堵完毕，验收完成；⑥阀厅指定专门的进出阀厅通道，有必要设置风淋和换鞋区域；⑦阀厅内整体清洁完毕，地面、墙面、屋面无积灰，厅内各处无积水，顶部钢梁冲洗后无积灰和金属铁屑等异物；⑧阀厅内暖通空调系统及照明系统正常投运，阀厅内光线充足且保持微正压，其中温度要求控制在 16 ~ 25℃范围，相对湿度要求不大于 50%。

通常，换流站全站有双极 2 座高端阀厅、2 座低端阀厅，每个阀厅设置 4 个监控摄像头、温湿度变送器和尘埃粒子计数传感器，单个阀厅配置独立环境监测后台（见图 6.3-2），后台数据实时监控移动车间内的环境情况，并与大功率空调、除湿净化装置、新风机组等设备智能联动，可实时显示阀厅内部温度、湿度、PM0.5、PM1.5、PM5.0 值，出现异常情况自动预警，方便阀厅安装过程中后台值守人员监管阀厅内安装作业整体情况，及时发现异常状态并快速处理，确保阀厅安装有序，维持内部环境微正压、温湿度、百万级洁净度标准，排除外界环境对换流阀设备造成质量影响。

图 6.3-2　阀厅内视频监控及环境监测后台

6.3.3　智能数显手动定扭扳手

换流阀阀塔主通流回路和水路安装采用智能数显手动定扭扳手［见图 6.3-3（a）］，它是一种结合了传感器技术和无线通信技术的专业工具，具备高精度的扭矩传感器，能够准确测量和记录扭矩的大小。

（1）梳理设计图纸、厂家图纸，对阀厅内重要设备如换流阀建立螺栓接点档案，按照安装顺序自上而下分层对换流阀各个螺栓连接点编号，参照厂家技术要求和规范力矩要求形成检查校验表。详细分析换流阀安装过程中紧固螺栓顺序，对智能数显手动定扭扳手进行规定力矩设定并标注配号。

（2）规定施工步骤且向施工作业人员进行严格交底，使多把智能数显手动定扭扳手传输至后台的数据与检查校验表编号顺序相对应，力矩值数据采集至后台［见图 6.3-3（b）］与编号对应后，可将数据以 Excel 表格格式导出，便于项目管理人员直观检查换流阀设备各接点是否按标准要求紧固到位，若有偏差可精准定位接点修正。

（3）现场完成力矩操作后通过按键保存数据，能够将每次扭矩数据记录下来，包括时间、扭矩数值等信息。该扳手会通过外接蓝牙模块自动将资料传送至接收器，再通过接收器传输至智慧工地系统平台。

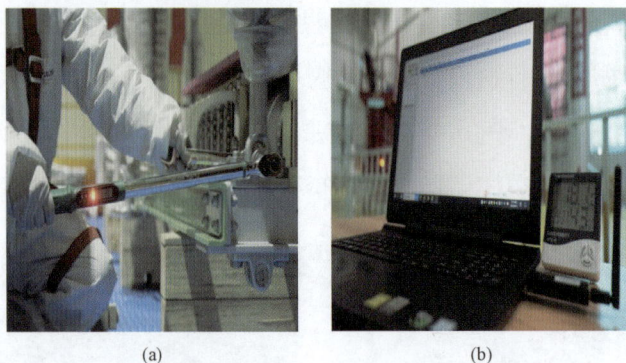

图 6.3-3　智能化力矩扳手现场使用展示

（a）使用智能数显手动定扭扳手；（b）力矩值采集录入后台

6.3.4　其他功能

（1）金具光洁度检测。通过配备表面光洁度检测仪，对金具进行外观光洁度检测，有效发现金具表面缺陷，确保金具质量。对金具表面进行分类和识别，如平滑区、粗糙区、缺陷区等。当发现金具表面存在质量问题时，会发出报警提示。采用粗糙度测量仪可进行多参数测量，包括轮廓算术平均偏差 R_a、轮廓最大高度 R_z（ISO）、轮廓最大高度 R_y（DIN）、轮廓最大峰高 R_p、轮廓峰谷总高度 R_t 等。

（2）吊装葫芦监测。阀塔安装过程中，涉及吊装的工序主要有顶部屏蔽罩吊装、顶部框架吊装、阀组件吊装、电抗器吊装、底部平台吊装及底部屏蔽罩吊装。电动葫芦配置传感器可以实时监测换流阀吊装重和高度。实时监测换流阀吊装重和速度，并显示当前重、吊装高度等信息。

（3）红外激光防误碰误撞装置。针对换流阀设备安装，合理安排紧凑空间内作业机具，运用红外激光防碰撞报警系统，防止施工期间车辆、机械移动时对设备造成损伤，红外激光安装于阀厅高空作业车上，具备简易三维测距功能，能自主设置报警距离。

6.3.5　应用实践

帮果 ±800kV 换流站工程使用了阀类设备智慧安装方案，实时监测阀厅室内环境，辅助施工人员掌握现场环境参数，为判断施工环境是否满足要求提供参考。智能数显手动定扭扳手实现数据集中、信息共享，极大地解放了工程现场人力，降低了高空作业风险，保障施工安装质量，提高了建设质量和效率。

6.3.6　小结

阀类设备智慧安装方案，在人力资源、精度控制、精细化管理等方面均具有明显的优越性，具有明显的推广价值和社会经济效益。

（1）阀厅安装环境管控和无尘化保持更彻底。环境监测在阀厅过渡间设立一处后台，可使阀厅安装环境随时处于管控下，环境指标超标可及时检查处理，阀厅内始终保持洁净状态。

（2）有效降低了阀厅设备安装阶段的缺陷。以智能数显手动定扭扳手及后台为基础的力矩值采集校验环节，帮助施工过程中进行自检自查，及时发现问题并消除，有效避免出现连接不牢靠类的缺陷。

第7章
创新与展望

　　智慧工地系统已在多个特高压工程中进行了探索应用，目前已形成系统性建设实施方案和通信基础设施、视频监控、智慧安装、土建施工监测和其他5大类17项成熟功能，主要包括全封闭滤油监控、气务处理监测、套管吊装监测、螺栓紧固监测及相关作业环境监测、视频监控等。结合国家电网公司对设备全过程数字化贯通及档案数字化的有关要求，通过梳理变电（换流）站主设备安装流程及工序要求，明确下一步工作的重点，通过不同展现形式实现工程建设有序管控，主要工作有以下六点：

　　（1）主设备安装全流程数据接入。建立主设备从元器件采购到安装运行等多个环节的数据，全面掌控设备状况，提升设备安全稳定运行能力。

　　（2）主设备安装智能装备研究。制订主设备安装环境标准体系，研制各类防尘（防雨）棚及防尘罩，控制安装环境，保障安装质量；研制集多种功能于一体的内检作业佩戴式智能装备，提高内检数智化水平与质量，保障人身安全；对特殊交接试验设备进行升级改造，实现试验数据的智能记录和传递。

　　（3）专项技术提示单精准推送。利用数字化技术在e基建2.0提取信息，基于"五库成果"和AI智寻技术编制专项技术提示单，精准推送至作业管理人员。

　　（4）AI技术在工程建设中应用。学习吸收AI技术成果，结合工程特点丰富智慧工地功能，利用自动分析功能辅助安全管理与质量管控。

　　（5）电子化归档。借助现代管理技术，实现工程全流程数字化管理、电子化归档。

　　（6）电力大模型创新应用。充分运用人工智能大模型，在特高压工程建设的各个环节及各专业管理中，实现监测监控和风险预警、智能解决专业问题。

7.1　设备全过程数字化贯通

7.1.1　工作背景

为落实国家电网公司数字化转型和设备全寿命周期管理工作要求，国网设备部、国网数字化部、国网基建部、国网物资部联合下文，协同国网发展部、国网特高压部，制订了设备全过程数字化贯通工作方案。围绕规划设计、物资采购、工程建设、运行维护、退役报废等多个环节，构建标准试验体系，全面获取各环节设备试验数据，分析设备可靠性，推演设备性能变化趋势，是提升设备安全稳定运行能力、实现现代设备管理的重要依据。

7.1.2　建设现状

2023 年，国网设备部、国网数字化部、国网发展部、国网财务部、国网基建部、国网物资部、国调中心、国网特高压部联合启动设备全过程贯通专项设计工作，重点聚焦构建设备全生命周期管理的高效协同体系，实现业务流程的无缝对接与信息资源的透明共享。目前已完成 PMS3.0、ECP2.0、e 基建 2.0 等 8 套系统功能贯通改造和典型场景应用部署。特高压工程基于 e 基建 2.0 项目全过程，将基建阶段形成的"建设环节杆塔基础信息、质量验收记录、交接试验信息、交接试验报告、设计文件等"工程建设资料通过系统接口贯通至 PMS 系统，支撑设备全过程技术监督和运维检修工作，以及物资采购环节督促供应商合理生产排产。

7.1.3　发展方向

（1）重点解决问题。设备全过程涉及信息系统多，包括国网项目中台、ERP、ECP、e 基建、PMS 等系统，部分系统（如 ERP）未实现一级部署，数据贯通层级多、协调工作量大；设备全过程贯通管理链条长、参与单位多，需要满足不同单位业务需求和管理要求，不断优化顶层设计，发挥多专业协同联动工作机制。

（2）后续工作思路。设备全过程贯通是一项全局性、系统性的管理创新工程，不仅要实现技术贯通，还要打通管理堵点，不断优化管理流程与机制：一是持续提升"实物 ID 一码贯通"在特高压工程中的应用质效，将实物 ID 广泛应用于各类设备，从生产制造环节进行赋码，强化关键数据必填及规范性校验，为各参建方使用实物 ID 查询设备全过程信息夯实基础；二是针对特高压工程多投资主体、多建设管理单位的模式，进一步优化项目编码规则，多套系统通过项目中台使用统一编码，实现项目信息全网贯通；三是进一步探索生产数据赋能特高压建设的应用场景，统计分析设备运行中的隐患、故障情况，将数据应用于设备设计、招标、制造和现场安装调试。

7.2　加快智能化装备研发

7.2.1　特高压油浸主设备主部件安装环境控制装置研究

特高压交流变压器、换流变压器及高压电抗器等油浸设备，作为变电（换流）站的重要主设备，承担着变换电压、传输电能的重要作用。根据国标及国家电网公司输变电工程标准工艺等相关要求，在露空安装及内检期间，施工现场防尘措施是保障安装质量的关键措施。但是安装作业区域小、环境气候变化快，临时的气候变化可能会对设备安装质量造成不利影响，严重时若遇到突然降雨（太阳雨）等情况甚至可能导致设备返厂大修。为提高油浸主设备安装环境，加强主部件安装过程防护，保障变压器等油浸主设备的安装质量，有必要开展油浸主设备主部件安装环境控制研究。

研究内容包括研究特高压油浸主设备安装防尘、防雨设施标准化研究，形成基于该防尘、防雨设施标准的特高压油浸主设备安装方案，主要内容包括：

（1）油浸主设备安装环境标准制定。根据施工现场土建施工情况，制定相应防尘、防雨设备使用标准，并形成推广使用指南。

（2）内检人孔防尘（防雨）棚结构及内部组件的设计。根据各油浸设备厂家产品结构特点，确定合适的棚体尺寸。棚体内分更衣区、风淋区及内检区。更衣区配置衣物更换等功能，风淋区配置新风系统，内检区配置工器具储存柜及登记处。棚内设置内检智能柜，通过人员信息录入，识别专职内检人员进行内检工器具管理。

（3）套管（出线装置）防尘（防雨）棚结构及内部操作平台设计。根据各油浸设备生产厂家产品结构特点，确定合适的棚体尺寸，通过模块化构造方式，使得防尘棚具备高度的灵活性。考虑到通用性及重复利用性，棚体采用承插等拼接模式进行现场组装，满足所有设备使用需求；为确保棚内设备安装方便，棚内设置盘扣式钢管脚手架，设置多层承插机构，均能够搭设水平板以满足不同高度的安装需求，搭拆便捷、节材环保；

防尘棚主体内部设置升降平台，便于垂直运送作业人员；棚体顶部设置防雨收缩装置，结合变压器安装程序及设备外形尺寸，使用收缩型防雨布定制防雨措施。

（4）完成套管、升高座等设备防尘、防雨罩设计及制作标准制定。根据套管（出线装置）对接口布置，在棚体上提前设置对接口，装设多层防尘布，采用软磁铁或高强弹力带固定，取用便捷防尘透光。

（5）完成安装棚内空气净化系统及环境参数实时监测系统的方案设计。棚内空气净化系统完成净化安装空间空气的温、湿度指标的实现；环境参数实时监测系统实现环境参数的实时监测，同时对作业人员进行全过程监控。

（6）完成基于标准化防尘、防雨设施的特高压油浸主设备安装方案。结合（1）～（5）条内容，形成标准性、系统性、通用性的基于防尘、防雨设施使用的特高压油浸主设备安装方案，保障设备安装的质量。考虑到套管（出线装置）防尘（防雨）棚棚体较大，整体运输不便，同时考虑可重复利用性，方案中应包含棚体安装、移动、拆卸方式，明确安装、使用、移动、拆卸过程中的技术要点及注意事项等。

7.2.2　特高压主设备内检作业智能装备开发研究

特高压电网作为电力传输的重要基础设施，主设备（变压器、GIS）的质量是电网安全稳定运行的最关键因素，其安全性和可靠性直接关系到国家能源安全与经济发展。特高压主设备内检是现场安装阶段保证设备质量的最关键环节，设备内部作业空间狭小且有残余油气，内检作业存在安全防护、缺氧、复查监督困难等一系列问题。为了提高特高压设备内部检查和维护过程中的安装质量、减少作业风险、保障人员安全，有必要开展内检作业配套装备开发研究，利用智能技术对主设备内部情况进行记录、监控、分析和处理。

研究内容包括用于变压器、换流变压器等大型设备安装或检修时的内检智能防护帽，形成基于照明灯、摄像设备、氧气含量检测装置、生命体征感知装置、通信设备（耳机、耳麦），以及冷却通风装置的特高压主设备内检方案，主要有以下四条内容：

（1）防护帽材料选取。防护帽采用三层结构，外壳要求具有较大弹性，当与设备碰撞时不会刮擦设备，有效保护设备的安全；中间层材料要求不易形变，尺寸安定性好，具备优异的电绝缘性能，适合嵌入各种电子设备；内衬采用发泡类材料，容易通过模具成型，具有舒适性和安全性，设计为蜂窝结构，便于通风散气。

（2）电源系统设计。防护帽内置一套电源，可通过防护帽上固定接口由外部充电，配备过充、过放保护，利用锂电池充电芯片和电源管理模块的过充、过放保护功能，确保电池在安全的电压范围内工作，延长电池使用寿命。对电源电路进行合理的电磁屏蔽，如在电路板周围设置接地铜箔，减少电源系统对防护帽内其他电子设备以及外部环境的电磁干扰。另再配置一组外置可随身携带的电源包，作后备电源，保证防护帽内各电子设备的持续供电。

（3）摄录像、通信系统设计。通过激光灯＋照明灯＋摄像头的组合，可以对整个工作流程进行实时录像，通过内置的 Wi-Fi 信号模块、5G 通信模块可以与设备外部人员进行实时音视频通话，使外部技术人员、监理等可以实时监督内部作业情况，实现内外互通。

（4）生命体征监测系统设计。配备先进的生命体征监测系统，采用多传感器融合技术，由环境监测和生理监测两大模块组成：一是环境监测模块，由高精度电化学氧气传感器组成，可以实时监测环境氧气浓度；二是生理监测模块，由近红外光电脉搏血氧传感器组成，可实时监测内检人员的心率和血氧饱和度。

考虑到其他密闭空间作业存在的问题，进一步拓展防护帽的适用范围，满足不同环境下的需要，防护帽预留相关接口及通道，实现以下附加功能。

（1）增氧及环境监测：以在原有基础上增加有害气体监测，将防护帽的使用范围扩充到可能含有有害气体的环境中使用，有效防护工作人员的生命安全。集成氧气面罩，单独为工作人员供氧，可在低氧空间进行工作。

（2）制冷系统设计。设计一组外置的制冷设备，挂腰空调扇＋通风管道，空调扇配备大容量内置电池（续航时间 20h 以上），为空调扇供电的同时还可为外部设备供电（类似充电宝）；通风管道一端连接空调扇，一端连接防护帽通风口，利用物理学中的文丘里效应合理设计通风管道，越靠近防护帽，通风管道内径越小，保证流入防护帽内的冷却气体有足够大的压强。

7.2.3 试验提升

以往特殊交接试验过程中需要手抄数据，试验完成后需要人工进行繁琐计算和报告整理，编审批流程完成后线下归档，会发生试验报告缺项、漏项的情况，不方便试验数据实时查看和追溯。因而，亟需探索特高压变电（换流）站交接试验数智化管理，实现试验数据"一次录入、自动上传、智能分析、全局应用"，充分发挥设备数据感知分析、辅助决策、在线管控的作用。

研究内容：围绕交接试验数智化，需梳理特高压变电（换流）站设备交接试验标准库，完成试验标准库设计，确定结构化数据需求的数据清单、PC 端业务需求及 App 端业务需求的业务清单。

（1）完成特高压变电（换流）站设备安装调试验收阶段数智化建设方案编制，形成功能需求清单、数据清单、指标清单。

（2）编制《特高压交流 / 直流设备交接试验报告格式规范》，统一特高压变电站和换流站交接试验报告模板，并申报国家电网公司企业标准。

（3）制定《特高压交流 / 直流设备交接试验仪器数据通信技术规程》，覆盖直流电阻测试仪、电压比测试仪等试验仪器；研发综合测试仪，实现现场试验数据自动采集上传至"i 国网"。

（4）通过对交接试验仪器进行智能改造使其具备蓝牙通信功能，试验仪器通过蓝牙连接"i 国网"、e 基建 2.0"交接试验"移动应用的终端设备，基于微应用将数据传至 e 基建 2.0，通过梳理试验环节业务流程、PC 端功能设计和 App 端功能设计，实现变电（换流）站主设备交接试验进度状态统计、变电（换流）站主设备交接试验调试一次通过率、站级交接试验一次通过率等指标数智化统计，进而实现交接试验环节数智化管控。

（5）梳理交接试验标准，建立完整的试验数据判断规则库，利用大数据融合分析技术，细化完善交接试验结果判据规则，实现对交接试验数据自动换算、分析，自动生成标准化规范化试验报告。

7.3　专项技术提示单精准推送

利用数字化技术，实时在 e 基建 2.0 提取施工作业票、作业计划，获取作业内容和施工管理人员名单。基于"五库成果"和 AI 智寻技术，对应重要作业的相关工序，编制标准化的专项技术提示单，实现精准推送至相关作业管理人员，为工程现场重要作业提供技术支持，推动技术标准、典型经验、典型案例等标准化成果及工程建设标准强制性条文在特高压工程建设中落地实施。

7.3.1　筑牢特高压工程数字化根基：数据采集与智能建模

在特高压工程建设中，数字化转型是提升工程质量和管理效率的关键。依托 e 基建系统，建设特高压工程动态数据中枢，运用自然语言处理技术（NLP）自动解析作业票关键要素，建立包含"作业类型—工序节点—责任人员—时空坐标"的四维数据模型，实时监控在建特高压工程的施工作业管理人员库，实现人员资质、岗位职责、在岗状态的数字化映射，确保施工过程的透明化和可控性。

为提升工程质量，通过对施工现场数据的实时采集与智能建模，提出借助专项技术提示单辅助工程建设的需求。专项技术提示单依据工程实际需求生成，为施工管理人员提供精准的技术指导，能够提前了解施工中的技术要点和难点，在施工过程中及时识别和规避潜在风险，确保施工质量和安全。

7.3.2 深挖"五库成果"价值：AI 驱动专项技术提示单生成策略

专项技术提示单的生成基于"五库成果"，即特高压工程技术标准库、标准工艺库、科技成果库、经验案例库和表单模板库。这 7000 多项标准化成果文件为 AI 智寻技术提供了坚实的基础，涵盖了变电土建、变电电气等 9 个专业领域，全面系统地梳理了工程管理的依据，并深度总结了建设管理经验。

在生成专项技术提示单的过程中，AI 智寻技术遵循"需求转化—精准检索—智能整合—成果输出"的思路。以大型换流变压器安装为例，自然语言处理技术（NLP）将安装流程规范、安全风险防控要点等实际需求转化为检索关键词。知识图谱通过设备特性、安装环境等多维度信息辅助筛选"五库成果"中的相关内容，智能推荐算法则根据过往查阅资料的行为偏好提升检索效率。机器学习算法深入剖析资料要点，优化推荐结果并过滤无关信息。最终，自然语言生成技术（NLG）按照大型换流变压器安装工序整合信息，依据既定的业务规则和模板格式，生成包含管控重点、技术要求等关键要素的专项技术提示单，为施工提供全方位、精准的技术支持，有力推动技术标准、典型经验、典型案例等标准化成果及工程建设标准强制性条文在特高压工程建设中落地实施。

7.3.3 构建"双轮驱动"推送体系：实现专项技术提示单精准推送

建立"作业计划—知识推送"的主动式预警推送时序映射模型，在工序启动前 72h 自动触发三级推送：首次推送技术准备清单，开工前 24h 推送操作指引，工序实施动态推送风险预警，通过北斗定位实现"人—机—料—法—环"五要素的在场验证，确保推送有效性。

建立"场景识别—知识推送"的被动式响应推送机制,实现响应式知识服务智能小助手。通过知识订阅机制,支持按岗位、专业、工区定制推送内容,支持语音交互、图片识别等多模态查询。现场人员可拍摄施工场景自动触发图像识别,系统自动进行工况诊断,推送对应技术方案。

7.3.4 开启"以用促建"新征程:推动特高压工程标准持续进化

建立"推送—应用—评价"全流程闭环反馈监测体系,建立五级评价模型(及时性、准确性、完整性、适用性、有效性),通过长短期记忆网络(LSTM)网络分析评价文本情感倾向,生成知识库优化建议;建立自适应进化机制,持续收集现场应用数据训练模型,当某类问题重复出现时,自动触发知识缺口预警,启动专家会审流程。

建立知识新鲜度评估模型,对超过修订周期的标准文件进行自动提醒,确保"五库成果"知识库动态更新;建立"问题发现—经验提炼—标准升级"的价值转化体系,当某解决方案应用频次超过阈值时,启动标准化转化程序,经三审三校流程纳入"五库成果"标准化成果体系;通过区块链技术建立知识贡献溯源机制,实现经验价值的量化评估与激励。

通过"数据驱动+智能推送"模式打通施工技术管理的"最后一公里",实现专项技术提示单匹配准确率不小于95%,质量问题整改效率提升50%,安全事故率降低40%,典型案例覆盖率不小于80%,为特高压工程品质提升与数字化转型提供有效思路。

7.4 适时推进 AI 技术在工程建设中的应用

学习、消化、吸收国内外和国家电网公司 AI 技术研究成果,结合特高压工程建设特点,不断丰富智慧工地功能,逐步实现对获取的海量图像、视频等数据进行综合分析、对比判断,实现违章识别、参数提取等自动化功能,辅助工程建设安全管理和质量管控,利用智能分析技术,减弱各类检查对专业人员的依赖,提高工作质量和效率。

为推进 AI 技术在特高压智慧工地的深度应用,建议从以下四个层面系统化实施,实现安全质量管控的智能化升级。

7.4.1 技术架构设计

构建分层式 AI 中台架构,集成边缘计算节点与云端分析平台;采用视频流媒体服务器集群实现每秒 10 万帧处理能力；部署轻量化模型实现边缘端实时检测。

7.4.2　核心算法开发

多模态融合分析系统：3D 点云 +RGB 图像融合的空间定位（精度 ±5cm），施工时序行为建模。

动态风险预测模型：基于 GNN 的施工人员轨迹预测，设备碰撞概率计算模型。

建立量化评估模型（效能提升验证）：安全风险系数降低算法，ROI 分析显示每百万投入减少事故损失量。

7.4.3　特种数据治理

建立电力施工专属数据集：采集覆盖 8 类地形、12 种气象条件的 50 万标注样本，开发施工场景数据增强系统。

构建知识图谱增强版：整合 327 项安全规程形成本体库，实现规范条款与视觉特征的关联映射。

7.4.4　数字孪生深化应用

BIM+GIS+IoT 数据融合（空间分辨率 0.1m）。

施工进度智能推演（蒙特卡罗模拟 1000 次 / 日）：该方案通过构建"感知—认知—决策"闭环系统，可实现每日千万级图像数据的智能处理，推动特高压工程管理由"人防"向"技防"转变，预计可使安全管理人工投入减少 40%，质量缺陷发现率提升 300%，形成新型电力系统建设的数字化标杆。

7.5　电子化归档

7.5.1　档案电子化归档创新实践

近年来个别试点单位结合电网建设项目档案归档业务需求，在实现各类业务单据数字化、线上审批、自动归档等方面开展相应探索，还存在以下几方面问题：

（1）档案的管理机制不一致。不同单位的项目档案管理方法和管理内容各不相同，档案管理质量参差不齐；档案的收集、归档工作不及时，未能与项目实施同步开展；项目档案由各单位归档，文件分散多处，项目建设过程中难以快速收集和统一管理。

（2）电子化归档存在"双套制"，档案管理执行纸质文件与电子文件并存，业务的办理往往采用传统模式，线下整个业务环节签章审批流转，业务办理周期长、效率低；档案归档采用线下收集纸质档案并数字化加工上传，造成部分档案不能真实反映工程过程，线下收集并数字化消耗大量人力、物力、财力，人员操作应用水平不一，档案质量参差不齐。

（3）电子化归档文件信息不全，主要体现在线上流程生成文档元数据信息记录不全，线下生成并数字化上传文档未提取结构化关键信息及元数据信息。

（4）电子化归档移交环节未实现线上化，当前主要采用线下纸质文档方式完成移交，未打通业务系统与档案管理信息系统的数据接口。

国网特高压公司依托 e 基建 2.0 实现了业务全流程覆盖、功能全专业覆盖、工程全电压覆盖、用户全层级覆盖，为特高压工程档案电子化归档奠定了基础。特高压工程建设项目档案通过 e 基建 2.0 与相关部门业务系统对接，按照数字化移交归档范围抓取建设全过程文件材料，在业务系统及终端应用内置标准化文件模板与编审批功能，通过应用电子签章技术实现文件材料、各种记录编审批业务线上即时办理，形成具备法律效力的电子档案。e 基建 2.0 根据分类表自动组卷，成套档案在工程投产后直接贯通移交至数字档案馆系统归档，实现电网工程项目档案全过程线上单轨制运行管理，从源头上解决工程档案管理滞后、数据不真实、代签、整理归档任务繁重等一系列问题。

7.5.1.1 应用电子签章，实现过程文件单轨办理

电网建设项目档案单轨制实现的一个关键的难点问题就是文件不能进行线上编审批。2005 年 4 月 1 日起正式施行的《中华人民共和国电子签名法》第十四条规定："可靠的电子签名与手写签名或者盖章具有同等的法律效力"。为满足合法合规性的要求，在 e 基建 2.0 中嵌入电子签章管理技术，结合工程建设实际，通过对接统一密码服务平台，上传企业认证、用户个人实名认证、电子签名，为参建单位和相关人员颁发电子签名数字证书，电子签名数字证书与系统通过编号代码实现数据对接，依托加密技术形式电子签章，采用 CA 认证方式进行加盖，实现电子文件防伪造、防篡改、防抵赖，确保电子文件信息原始、可靠。实现业主项目部、施工项目部、监理项目部及相关人员的电子文件签章、签名，生成可归档保存且具有法律效力的电子文件。规范电子签章的申请、制作、发放、使用、注销等环节的管理要求和流程，在管理流程上确保电子签章的合法有效性和真实性。

e 基建 2.0 将记录表格及模板固化到现场终端，建设过程数据、记录通过移动终端实时进行记录，应用电子签章进行线上审核确认，实现项目部组建、工程资料审批等业务由"线上线下双轨"向"线上单轨"转变，审批盖章类业务处理效率显著提升。

7.5.1.2　聚焦"全过程"，推动多源文件材料线上收集

电网建设项目需移交归档的文件涵盖从项目前期立项到竣工验收及试运行全过程形成的具有保存价值的文件材料，涉及多个部门和多个参建单位。部门不同，文件所依赖形成的业务系统不同；参建单位较多，不仅有国家电网公司内部单位还有国家电网公司外部单位，文件形成流程和管理模式都不尽相同。所以基建工程归档文件的来源较多，管控复杂、困难，来源不同的文件需采取不同的方法和措施进行数字化移交，是数字化移交的重点和难点问题。

针对基建工程档案多源移交的重点、难点问题，通过不同方式实现建设项目全过程文件材料线上数字化移交，全部移交原生电子文件，不再扫描纸质文件进行上传：一是针对国家电网公司内部各部门业务系统形成的电子文件，从各系统捕获相关电子文件结构化和非结构化数据，同时实现 e 基建 2.0 和相关业务系统的数据贯通、采集；二是对于国家电网公司外部参建单位，在 e 基建 2.0 给各外部参建单位配置账号，实现建设过程中电子文件的上传获取。

7.5.1.3　制定归档范围，实现一键自动组卷

在纸质档案归档范围的基础上，研究制定电子档案归档范围。根据国家档案局《电子档案单套管理一般要求》（DA/T 92—2022），关于办公自动化系统、业务系统建设应"支持自动或半自动进行归档鉴定、划定分类和保管期限"的要求，完成 e 基建 2.0 特高压工程电子文件归档范围、保管期限和电子档案分类表的嵌入工作，将数字档案馆系统中电子文件整理组卷功能前置于 e 基建 2.0，在 e 基建 2.0 中实现电子档案的抓取及自动组卷，实现一键自动归档。

7.5.1.4　打通接口，实现数据贯通移交

加快实现 e 基建 2.0 与数字档案馆系统的集成接口开发，建立容错机制，按照归档规范对所要归档的电子档案的元数据、正文内容进行校验，确保所捕获的数据符合工程项目电子档案管理规范及归档要求，针对部分未达到要求的数据将退回 e 基建 2.0，整改后重新推送。

7.5.1.5　四性检测，确保数据真实可靠

开展电子文件"四性检测"（真实性、可用性、安全性、完整性）研究与探索，在

e 基建 2.0 移交模块和数字档案馆系统接收模块同时内置电子文件"四性检测"功能，对形成的电子文件进行全面检测，确保电子文件作为档案的凭证价值和参考价值。

7.5.2　档案电子化归档展望

档案电子化归档是近年来项目档案创新实践的热门领域。档案电子化不仅仅为工程建设留存了记录，更是提升工作效率、保障信息安全的重要手段。

档案电子化归档企业标准体系加速成型。国家电网公司将依托国家法律、法规和行业规范，加速配套出台档案电子化归档方面企业标准，进一步明确电子档案的格式标准、存储规范和职责划分。

AI 技术辅助工程档案管理。采用人工智能系统，通过机器学习优化存档策略，在 e 基建 2.0 中实现工程档案的智能分类、自动检索、安全存储等功能。尤其是智能分类方面，逐步解决目前提前预设分类方案、预设归档流程、分类方案发生调整、系统开发难度大等问题。

GPT 技术助力工程电子档案开发利用。以工程档案系统中的电子文件数据为基础，对原文件进行预处理，使其达到统一格式标准，形成知识库。把知识库和 GPT 模型（生成式预训练模型）进行交互，通过网页端或者 App 端实现智能问答，助力工程电子档案开发利用走实走深。

7.6　电力大模型创新应用

7.6.1　工作现状

2024 年底国家电网公司发布了光明电力大模型。作为"千亿级多模态"的电力行业大模型，其集成的电力数据、涵盖的应用场景、具备的专业功能在行业内首屈一指，能够面向电力生产、建设、管理、运营、科研、制造、服务等全产业链提供专业化智能化服务，对于推动新型电力系统建设，加快形成新质生产力，更好保障国家能源安全、促进能源绿色转型，具有重要意义。

7.6.1.1　总体应用架构

依托国家电网公司人工智能平台，采用总部、省级两级方式开展应用。总部侧开展集中训练，省侧按需开展推理应用，主要包括人工智能平台、光明电力大模型、细分场景模型、智能体、知识服务底座、样本库、智算中心等要素。

7.6.1.2　应用方式

大模型应用方式主要包括直接调用标准服务接口和通过智能体调用，见图7.6-1。

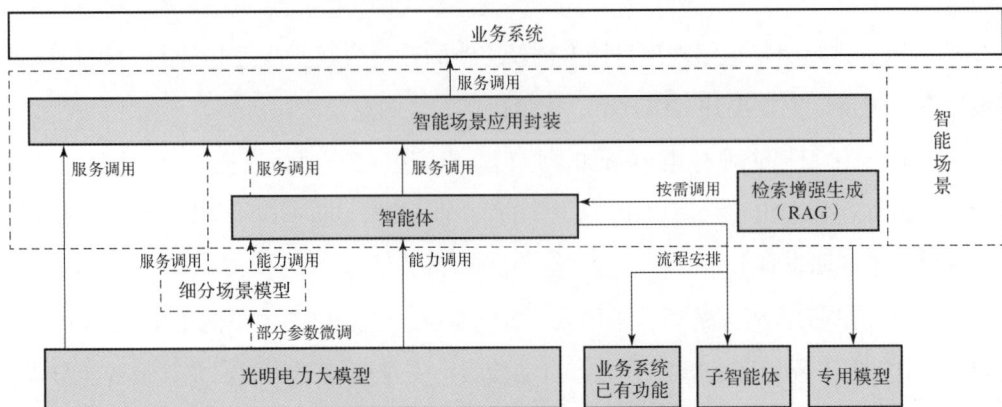

图 7.6-1　大模型应用方式示意图

（1）直接调用标准服务接口。通过调用大模型标准服务接口，结合提示词工程，直接使用大模型的知识问答、逻辑推理、数值计算、内容生成等核心能力。

（2）通过智能体调用。针对业务逻辑复杂的场景应用，将大模型能力封装到智能体当中，通过智能体提供服务，按需调用专用模型、子智能体、检索增强生成（RAG）、业务系统功能、细分场景模型等。

7.6.1.3　应用步骤

大模型应用主要包括方案设计、数据工程、模型研发、应用构建、集成实施、常态运营等步骤。

方案设计阶段主要工作包括分析场景应用需求、梳理业务流程、结合大模型和人工智能平台能力、设计大模型解决方案、明确大模型嵌入环节及技术实现方式。数据工程阶段主要工作包括分析模型研发和场景应用所需数据类型和规模，评估当前训练样本、知识工程数据情况，明确数据归集、标注、质检策略，按需完成业务数据等数据准备。模型研发阶段主要工作包括根据业务需求，通过评估验证，明确模型类型和尺寸，按照需求进行模型微调和压缩，完成模型选型、研发和测试。在应用构建中，结合业务场景方案设计，按需完成提示词工程、检索增强生成、智能体构建等工作。集成实施阶段主要工作包括完成模型及智能体的封装，开发人工智能平台与业务系统集成接口，完成模型与业务系统集成联调、测试和部署上线。常态运营阶段主要工作包括常态化开展模型、样本和算力运营，保障模型服务稳定运行，通过数据回流驱动模型持续迭代优化。

7.6.2　展望

技术推动人工智能领域迅速迭代更新，2025 年初以 DeepSeek 为首的开源模型出现，正在进一步改变全球人工智能格局。DeepSeek 最新发布的模型 DeepSeek-R1 在后训练阶段大规模使用了强化学习技术，在仅有极少标注数据的情况下，极大提升了模型推理能力。在数学、代码、自然语言推理等任务上，性能比肩 OpenAI o1 正式版，同时使用成本大幅度降低。长远来看，需要密切跟踪行业技术发展，调整思路布局，才能在人工智能发展应用过程持续保持迭代和发展。

应用场景落地是人工智能技术形成新质生产力的重要环节和"最后一公里"，也是人工智能大模型发挥作用的关键。在特高压工程现场建设中，可以充分运用人工智能大模型电力行业知识记忆理解、多模态融合分析、业务逻辑推理、基础数值计算、内容辅助生成等能力，进行探索和创新。

在工程策划环节，可通过输入工程特点自动编制工程施工方案，形成里程碑计划、一级网络进度计划和各类专项策划文件。在施工阶段，可基于视觉分析大模型和智慧安装各类监控多模态指标，分析土建和主设备安装施工过程的质量控制情况，分析工程现场作业风险和管控措施情况，分析资源投入和计划完成情况，对各类偏差、风险进行预测预警；针对环水保过程管控，利用图像识别技术智能分析地表扰动、水土流失和措施执行情况；针对不同施工作业人员，可自动匹配推动专业知识，并能通过文字、语音、图片、视频等方式进行问答，解决专业问题。

参考文献

［1］刘振亚 . 特高压电网 . 北京：中国电力出版社，2005.

［2］韩先才 . 中国特高压交流输电工程（2006 ～ 2021）. 北京：中国电力出版社，
2022.

［3］刘泽洪 . 电网工程建设管理 . 北京：中国电力出版社，2020.

［4］毛继兵，等 . 特高压工程建设标准化管理 . 北京：中国电力出版社，2022.